高等学校规划教材

土木工程材料实验

TUMU GONGCHENG CAILIAO SHIYAN

黄杰 李勇 孟晋 主编

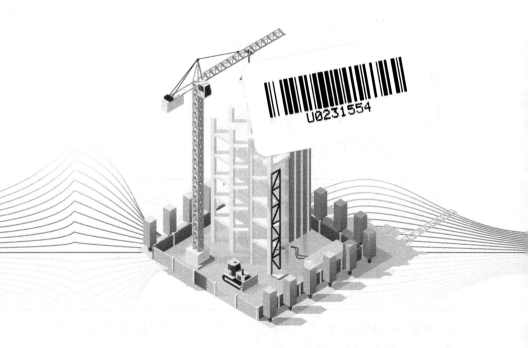

U0231554

 化学工业出版社
·北京·

内 容 简 介

《土木工程材料实验》主要针对土木建筑工程中常用建筑材料的实验检测项目，从实验目的、主要仪器设备、实验方法步骤、实验结果确定、实验记录与结果处理、分析及讨论等方面提供系统规范性的实验指导。本书共十一章，包括绪论、实验仪器设备介绍、材料基本物理性质实验、集料实验、水泥实验、混凝土实验、砂浆实验、普通黏土砖实验、土的工程性质实验、沥青及沥青混合料实验、钢材实验，各部分均依据现行相关全新国家标准、部颁标准进行编写。本书可作为高等院校土木工程、工程管理、建筑环境与设备工程等土建类专业的实验教材，也可作为大专、中等专业学校相关专业的实验参考书，并可供材料实验人员、质量员、工程质量监理和监督人员参考使用。

图书在版编目（CIP）数据

土木工程材料实验/黄杰，李勇，孟晋主编．—北京：化学工业出版社，2021.8（2023.3重印）
高等学校规划教材
ISBN 978-7-122-39345-6

Ⅰ.①土⋯ Ⅱ.①黄⋯ ②李⋯ ③孟⋯ Ⅲ.①土木工程-建筑材料-实验-高等学校-教材 Ⅳ.①TU502

中国版本图书馆 CIP 数据核字（2021）第 112366 号

责任编辑：满悦芝　　　　　　　　　　　文字编辑：孙亚彤　陈小滔
责任校对：张雨彤　　　　　　　　　　　装帧设计：张　辉

出版发行：化学工业出版社（北京市东城区青年湖南街 13 号　邮政编码 100011）
印　　装：天津盛通数码科技有限公司
710mm×1000mm　1/16　印张 12¾　字数 218 千字　2023 年 3 月北京第 1 版第 2 次印刷

购书咨询：010-64518888　　　　　　　　　售后服务：010-64518899
网　　址：http://www.cip.com.cn
凡购买本书，如有缺损质量问题，本社销售中心负责调换。

定　　价：49.80 元

前　言

土木工程材料是一门实验性很强的专业基础课，也是重要的专业先导型课程，其理论性和实践性都非常强。土木工程材料性能的测试都离不开实验，本课程实验的应用十分广泛，它涉及土木工程、桥梁工程、城市地下空间等各个工程领域。通过实验，学生可以掌握和了解土木工程材料及其制品的技术性能、土木工程材料的使用方法及常规材料的实验检测方法，具备合理选用土木工程材料并对常用材料进行检验的能力；还可以熟悉和训练实验技能，具备较强的选择和应用材料的能力；培养严肃认真的精神和良好的科学习惯，并逐步具备独立解决工程实际问题的能力。

土木工程材料是强调理论联系实际比较多的课程，尤其是随着经济的发展，各种新型建筑材料不断涌现，教师在实习教学中必须不断补充新的内容，让学生了解全新的材料科技动态和一些新材料、新工艺、新手段，不断采用多种现代及传统教学方式，让学生在实验课中学到知识。

近年来，随着教育部"卓越工程师教育培养计划"（简称"卓越计划"）的实施和推进，旨在培养一大批创新能力强、适应社会发展的高质量工程技术人才的目标越来越明确，实验教学是理论教学的延伸和强化，良好的实验教学是培养学生动手能力、创新精神的重要手段，加强实验教学管理和改革，有利于加深和提高理论教学知识，也是提高学生创新应用能力的重要环节。在高等教育大众化背景下，如何推动创新教育，加强实验教学成果，确保本科教学质量和人才目标的培养，是从事高等教学工作必须面对的问题。为了更好地实现人才培养目标，我们组织编写了本教材，编者在教学体系、内容、适用性等方面做了大量细致入微的工作。

本书主要内容包括土木工程材料的概述、主要仪器设备介绍、实验内容以及理论实验和数据处理等。验证性实验严格按照相应标准进行材料检测和操作，设计性实验符合基本理论和研究。

本书由黄杰、李勇、孟晋共同编写。其中，黄杰编写了第1～5章及第6章部分内容；李勇编写了第7、9章及第6、8章部分内容；孟晋编写了第10、11章及第8章部分内容；刘一芳、陈四利参编了部分章节；全书由李勇统稿。

由于土木工程材料标准、规范繁多且更新较快，加之编者水平有限，书中难免有疏漏和不妥之处，恳请广大师生和读者批评指正。

编者
2021 年 6 月

目　录

1

绪　论

　　土木工程材料实验是重要的实践性教学环节，是土木工程材料教学的重要组成部分，通过实验能够丰富学生的理论知识，加深对建筑材料知识的理解，并掌握土木工程材料的制备、性质、用途、质量检测和控制方法，为今后从事本专业设计、施工、科学研究打下良好的基础。

1.1　土木工程材料定义、分类与发展概况

1.1.1　土木工程材料定义

　　土木工程材料是人类用于建造建筑物和构筑物时所用一切材料和制品的总称，它是一切工程建设的物质基础。

1.1.2　土木工程材料分类

　　土木工程材料种类极为繁多，常见的建筑材料有水泥、钢筋、木材、混凝土、砌墙砖、石灰、沥青、瓷砖等。为了方便使用和研究，根据材料的来源、材料在建筑工程中的使用性能、材料的化学成分对建筑材料进行分类，最常见的分类原则是按照材料的化学成分分类，具体见表1-1。

1.1.3　土木工程材料在土木建筑工程中的地位

　　① 土木工程材料是各项基本建设的重要物质基础，一般材料费占工程投资的60%。

　　② 材料品种、质量及规格直接影响工程的坚固、耐久、适用、美观和经济性，并在一定程度上影响工程结构形式与施工方法。

　　③ 建筑工程许多技术问题的突破，往往依赖于材料问题的解决。

　　④ 新材料的出现，又将促进结构设计及施工技术的革新。

1.1.4　土木工程材料的发展趋势

　　① 在原材料上，利用再生资源、工农业废渣及废料，保护土地资源。

　　② 在工艺上，引进新技术，改造、淘汰旧设备，降低原材料与能耗，减少环

表 1-1　土木工程材料分类

材料来源	天然材料		自然界原来就有,未经加工或未经处理的材料
	人工材料		天然材料经过人为的化学方法加工而制得的材料
使用性能	结构承重材料		要求有较好的强度和耐久性
	墙体围护材料		要求有较好的绝热性能和隔声效果
	建筑功能材料		要求在某些方面有特殊功能
化学成分	无机材料	金属材料	黑色金属(铁、碳钢、合金钢) 有色金属(铝、锌等及其合金)
		非金属材料	天然石材(砂、石等) 烧结制品(烧结砖、饰面陶瓷等) 胶凝材料(水泥、石灰、混凝土、砂浆等)
	有机材料	植物材料	木材、竹材、植物纤维及其制品
		沥青材料	石油沥青及煤沥青、沥青制品
		合成高分子材料	塑料、涂料、胶黏剂
	复合材料	非金属+有机	玻璃纤维增强塑料、聚合物混凝土、沥青混凝土、水泥刨花板等
		非金属+金属	钢筋混凝土、钢丝网混凝土、塑铝混凝土等
		其他复合材料	水泥石棉制品、不锈钢包覆钢板、人造大理石、人造花岗岩等

境污染,维护社会可持续发展。

③ 在性能上,力求产品轻质、高强、耐久、美观,并实现高性能化和多功能化。

④ 在形式上,发展预制装配技术,提高构件尺寸和单元化水平。

⑤ 在研究方向上,研究和开发化学建材和复合材料,促进新型建材的发展。

1.2　土木工程材料实验内容

土木工程材料实验主要包括以下 3 个方面。

(1) 主要仪器设备介绍

土木工程材料实验应介绍主要仪器设备的操作和使用,让学生熟练掌握仪器的基本原理、基本操作技能,并获得处理实验数据、分析实验结果、撰写实验报告的能力。同时,通过实验还可以验证和巩固所学理论知识,熟悉常用土木工程材料仪器的主要技术指标。

(2) 具体实验项目

主要包括材料基本物理性质实验、集料实验、水泥实验、普通混凝土实验、砂浆实验、土的工程性质实验、沥青及沥青混合料实验、车辙实验、钢材实验等。各项实验主要介绍材料的质量标准、取样方法、实验方法及结果评定等内容。此外还应包括误差理论和数据处理的基本方法。

（3）处理数据

实验结束后计算测量结果与真值之间的误差，即绝对误差和相对误差、系统误差和随机误差。

1.3 土木工程材料实验标准

标准是指对重复事物和概念所作的统一规定，它以科学、技术和实践的综合成果为基础，经有关方面协调一致，由主管部门批准发布，作为共同遵守的准则和依据。与建筑材料的生产和选用有关的标准主要有产品标准和工程建设类标准两类。产品标准是为保证建筑材料产品的适用性，对产品必须达到的某些或全部要求所规定的标准，包括品种、规格、技术性能、实验方法、检测规则、包装、储存、运输等内容。工程建设类标准是对工程建设中的勘察、规划、设计、施工、安装、验收等需要协调统一的事项所制定的标准。其中结构设计规范、施工及验收规范中有与建筑材料的选用相关的内容。

建筑材料的采购、验收、质量检验均应以产品标准为依据，建筑材料的产品标准分为国家标准、部门行业标准和企业标准三类，其含义、代号及举例见表1-2。

表1-2 产品标准种类及代号

标准种类	说 明	代 号
国家标准 （简称"国标"）	国家标准是对全国经济、技术发展有重要意义而必须在全国范围内统一的标准。主要包括：基本原料、材料标准；有关广大人民生活的、量大面广的、跨部门生产的重要工农业生产标准；有关人民安全、健康和环境保护的标准；有关互换配合，通用技术语言等的标准；通用的零件、部件、器件、构件、配件和工具、量具标准；通用的实验和检验方法标准	（1）GB是"国标"两字的汉语拼音字头。各类物资（建材）的国家标准，均使用此代号 （2）GBJ是"国标建"三字的汉语拼音字头，它代表工程建设技术方面的国家标准
部门行业标准 （简称"部标"）	行业标准主要是指全国性的各专业范围内统一的标准。由各行业主管部门组织制定、审批和发布，并报送国家标准化管理委员会备案。行业标准分为强制性和推荐性两类	（1）JC是建材行业标准的代号 （2）JG是建筑工业行业标准的代号 （3）YB是冶金行业标准的代号 （4）SH是石化行业标准的代号
企业标准 （简称"企标"）	凡没有制定国家标准、部门行业标准的产品，都要制定企业标准。为了不断提高产品质量，企业可制定出比国家标准、部门行业标准更先进的产品质量标准	QB是企业标准的代号

技术标准代号按标准名称、部门代号、编号和批准年份的顺序编写。按要求执行的程度分为强制性标准和推荐标准（在部门代号后加"/T"表示"推荐"）。与建筑材料技术标准有关的部门代号有 GB（国家标准）、GBJ（建筑工程国家标准）、JGJ（建工行业建设标准，曾用 BJG）、JG（建筑工业行业标准）、JC（建材行业标准，曾用"建标"）、SH（石化行业标准，曾用 SY）、YB（冶金行业标准）、HG（化工行业标准）、ZB（专业标准）、CECS（中国工程建设标准化协会标准）、DB（地方标准）、QB（企业标准）等。例如，国家标准《通用硅酸盐水泥》（GB 175—2007），部门代号为 GB，编号为 175，批准年份为 2007 年，为强制性标准；国家标准《碳素结构钢》（GB/T 700—2006），部门代号为 GB，编号为 700，批准年份为 2006 年，为推荐标准。现行部分标准有两个年份，第一个年份为批准年份，随后括号中的年份为重新校对年份，如《建设用砂》[GB/T 14684—2001（2011）]。

技术标准是根据一定时期的技术水平制定的，因而随着技术的发展与使用要求的不断提高，需要对标准进行修订，修订标准实施后，旧标准自动废除，如国家标准《硅酸盐水泥、普通硅酸盐水泥》（GB 175—1999）已废除。工程中使用的建筑材料除必须满足产品标准外，有时还必须满足有关的设计规范、施工及验收规范或规程等的规定。这些规范或规程对建筑材料的选用、使用、质量要求及验收等还有专门的规定（其中有些规范或规程的规定与建筑材料产品标准的要求相同）。例如，混凝土用砂，除满足《建筑用砂》（GB/T 14684—2011）外，还须满足《普通混凝土用砂、石质量及检验方法标准》（JGJ 52—2006）的规定。国家标准或者部门行业标准，都是全国通用标准，属国家指令性技术文件，均必须严格遵照执行，尤其是强制性标准。

采用和参考国际通用标准、先进标准是加快我国建筑材料工业与世界接轨的重要措施，对促进建筑材料工业的科技进步、提高产品质量和标准化水平、推动建筑材料的对外贸易有着重要作用。常用的国际标准有以下几类：

① 美国材料与试验协会标准（ASTM），属于国际团体和公司标准。

② 德国工业标准（DIN）、欧洲标准（EN），属于区域性国家标准。

③ 国际标准化组织标准（ISO），属于国际化标准组织的标准。

1.4 实验方法

课程要求学生对实验内容提前进行预习，实验前由实验教师简要地介绍实验原理、所用的仪器设备及实验中应注意的问题，实验在教师的指导下由学生独立完成。实验时应注意以下几方面的问题：

（1）实验前的准备工作

学生应明确实验的目的、原理和步骤，了解所用实验仪器的构造和使用方法，估算最大载荷并拟定加载方案等。

（2）实验的成员分工

实验过程分小组进行，小组成员应分工明确，操作要互相协调。一般可按如下分工。

① 记录者（1人）。应是负责实验的总指挥，他的任务不仅仅是记录实验数据，更重要的是要及时地分析数据的好坏并保证实验的完整性。

② 称量材料者（1～2人）。担任这项任务的小组成员要特别认真，应准确测量出材料的用量，多量少量都会给实验带来很大的误差。

③ 仪器操作者（1～2人）。分工负责这项工作的小组成员在实验前必须着重阅读仪器的操作规程和注意事项。实验时严格遵照规程进行操作并正确读取载荷数据。此外，还应负责机器和人身的安全。

（3）实验的进行过程

实验开始前，先要检查试件和各种仪器是否安装稳妥，安全措施是否有效，各项准备工作是否完成，准备工作完成，再正式开始实验并进行记录。实验时应严肃认真，密切注意观察实验现象，及时加以分析和记录，要以严谨的科学态度对待实验的每一步骤和每一个数据。严格遵守实验室的规章制度，非实验中仪器设备不要乱动，实验用仪器、仪表、设备，要严格按规程进行操作，有问题及时向指导教师报告。

检验材料质量所进行的实验，根据国家、行业（部）颁布的现行技术标准及规范进行，一般包括如下过程：

① 选取试样。选取实样应按照技术标准、规范的有关规定进行。试样必须有代表性，使从少量试样得出的实验结果，能确切地反映整批材料的质量。实验前须对试样作检查，并应特别注意那些可能影响实验结果正确性的特征，做好记录。

② 确定实验方法。通过实验所测得的材料性能指标，都是按一定实验方法得出的有条件性的指标，实验方法不同，其结果也就不一样。因此，所确定的实验方法必须能够正确地反映材料的真实性能，并且切实可行。当有国家、行业颁布的技术标准时，应该采用统一的标准实验方法。

③ 进行实验操作。在操作过程中，必须使仪器设备、试件制备、量测技术等严格符合国家标准的规定，以保证实验条件的统一，获得准确、具有可比性的实验结果。由于材料往往不是很均匀，所以还必须对几个试件作平行实验，借以提高实验结果的精确度。在整个实验操作的过程中，还应注意观察出现的各种现象，做好记录，以便分析。

④ 处理实验数据。包括分析实验结果的可靠程度；说明在既定实验方法下所得成果的适用范围；将实验结果与材料质量标准相比较，并作出结论。

⑤ 实验结束。实验完毕，应检查数据是否齐全，交实验教师签字后，切断电源，清理设备，把使用的仪器归还原处，方可离开实验室。

1.5 实验报告

实验报告中反映的是材料检测的主要结果，是质量检测经过数据整理、计算、编制和处理的结果，而不是检测过程中原始记录，更不是计算过程的罗列，必须符合简明、准确、全面、规范的要求。经过整理、计算后的数据可以用图表等形式表示，起到一目了然的效果。实验原始记录基本要求：

（1）完整性

记录应信息齐全。所有的原始记录应按规定的格式填写，书写时应使用规定的蓝黑墨水的钢笔或签字笔，要求字迹端正、清晰，不得出现漏记、补记和追记。

（2）严肃性

按规定要求记录、修正检测数据，保证检测记录具有合法性和有效性；记录数据应清晰、规整，保证其识别的唯一性；检测、记录、数据处理及计算过程应具有规范性，保证其校核的简便、正确。修正记录错误应遵循"谁记录谁修正"的原则，由原始记录人员采用"杠改"方式进行更正。更正后要加盖修改人的名章或签名，其他人不得代替原始记录人修改。

（3）实用性

记录应符合实际需要，记录表格应按参数技术特性进行设计，栏目先后顺序应有较强的逻辑关系；表格栏目内容应包括数据处理过程和结果；表格应按检测需要设计栏目，避免检测时多数栏目出现空白现象；记录用纸应符合归档和长期保存的要求。

（4）原始性

检测记录必须当场完成，不得进行追记或重新抄写，不得事后采取回忆方式补记；记录的修正必须当场完成，不得事后再进行修改，记录必须按规定使用的笔完成；记录表格必须事先准备统一规格的正式表格，不得采用临时设计的未经过批准的非正式表格。

（5）安全性

所有记录应有编码，以保证其完整性；记录应定点有序存放保管，不得丢失和损坏；记录应按照保密要求妥善保管；记录的内容不得随意扩散，不得占有利用；记录应及时整理，全部上交归档，不得私自留存。原始记录一般属于保密文件，归档后无关人员不得随意借阅，借阅时需按有关规定程序批准，阅后要及时归还。

学生写实验报告包括实验目的、原理、方法和步骤，所用的仪器设备名称、型号、有关的性能指标和精度，实验数据的记录，结果的分析与计算，实验总结，以及对实验中出现的问题进行讨论研究，等。报告是记录实验、总结分析实验的过程，通过实验报告可以培养学生的文字及图表表达能力、对实验结果进行分析的能力，从而提高学生撰写实验报告的水平。

1.6 数据统计及误差分析

1.6.1 实验数据统计分析的一般方法

在建筑施工中，要对大量的原材料和半成品进行实验，取得大量数据，对这些数据进行科学的分析，能更好地评价原材料或工程质量，提出改进工程质量、节约原材料的意见。现简要介绍常用的数理统计方法。

（1）算术平均值

这是最常用的一种方法，用来了解一批数据的平均水平，度量这些数据的中间位置。

$$\overline{X} = \frac{X_1 + X_2 + \cdots + X_n}{n} = \frac{\sum X}{n} \tag{1.1}$$

式中　　　　　　　$\overline{X}$——算术平均值；

　X_1，X_2，…，X_n——各个实验数据值；

　　　　　　　$\sum X$——各实验数据的总和；

　　　　　　　n——实验数据个数。

（2）均方根平均值

均方根平均值对数据大小跳动反映较为灵敏，计算公式如下：

$$S = \sqrt{\frac{X_1^2 + X_2^2 + \cdots + X_n^2}{n}} = \sqrt{\frac{\sum X_n^2}{n}} \tag{1.2}$$

式中　　　　　　　S——各实验数据的均方根平均值；

　X_1，X_2，…，X_n——各个实验数据值；

　　　　　　　$\sum X_n^2$——各实验数据平方的总和；

　　　　　　　n——实验数据个数。

（3）加权平均值

加权平均值是各个实验数据和它的对应数的算术平均值。计算水泥平均标号采用加权平均值。计算公式如下：

$$m = \frac{X_1 g_1 + X_2 g_2 + \cdots + X_n g_n}{g_1 + g_2 + \cdots + g_n} = \frac{\sum X_g}{\sum g} \tag{1.3}$$

式中 m——加权平均值；

X_1，X_2，$\cdots$，X_n——各实验数据值；

$\sum X_g$——各实验数据值和它的对应数乘积的总和；

$\sum g$——各对应数的总和。

1.6.2 误差计算

（1）范围误差

范围误差也叫极差，是实验值中最大值和最小值之差。

例如：三块砂浆试件抗压强度分别为 5.21MPa、5.63MPa、5.72MPa，则这组试件的极差或范围误差为：5.72－5.21＝0.51MPa。

（2）算术平均误差

算术平均误差的计算公式为：

$$\delta = \frac{|X_1 - \overline{X}| + |X_2 - \overline{X}| + |X_3 - \overline{X}| + \cdots + |X_n - \overline{X}|}{n} = \frac{\sum |X - \overline{X}|}{n} \tag{1.4}$$

式中 δ——算术平均误差；

X_1，X_2，$\cdots$，X_n——各实验数据值；

$\overline{X}$——实验数据值的算术平均值；

n——实验数据个数；

$|\ |$——绝对值。

【例 1.1】 三块砂浆试块的抗压强度为 5.21MPa、5.63MPa、5.72MPa，求算术平均误差。

解：这组试件的平均抗压强度为 5.52MPa，其算术平均误差为：

$$\delta = \frac{|5.21 - 5.52| + |5.63 - 5.52| + |5.72 - 5.52|}{3} = 0.2(\text{MPa}) \tag{1.5}$$

（3）均方根误差（标准离差、均方差）

只知试件的平均水平是不够的，要了解数据的波动情况，及其带来的危险性，标准离差（均方差）是衡量波动性（离散性大小）的指标。标准离差的计算公式为：

$$\sigma = \sqrt{\frac{(X_1 - \overline{X})^2 + (X_2 - \overline{X})^2 + (X_3 - \overline{X})^2 + \cdots + (X_n - \overline{X})^2}{n-1}} = \sqrt{\frac{\sum (X - \overline{X})^2}{n-1}}$$

$$\tag{1.6}$$

式中 σ——标准离差（均方差）；

$$X_1, X_2, \cdots, X_n \text{——各实验数据值;}$$

$$\overline{X} \text{——实验数据值的算术平均值;}$$

$$n \text{——实验数据个数。}$$

【例 1.2】 某厂某月生产 10 个编号的 325 矿渣水泥,28d 水泥抗压强度见表 1-3,求标准离差。

解:10 个编号水泥抗压强度的算术平均值

$$\overline{X} = \frac{\sum X}{n} = \frac{367.7}{10} = 36.8 \text{(MPa)} \tag{1.7}$$

表 1-3 水泥抗压强度

项目	X_1	X_2	X_3	X_4	X_5	X_6	X_7	X_8	X_9	X_{10}
X	37.5	35.0	38.4	35.8	36.7	37.4	38.1	37.8	36.2	34.8
$X - \overline{X}$	0.7	−1.8	1.6	−1.0	−0.1	0.6	1.3	1.0	−0.6	−2.0
$(X - \overline{X})^2$	0.49	3.24	2.56	1.0	0.01	0.36	1.69	1.0	0.36	4.0
$\sum(X - \overline{X})^2$	14.71									

标准离差:

$$\sigma = \sqrt{\frac{\sum(X - \overline{X})^2}{n-1}} = \sqrt{\frac{14.71}{9}} = 1.28 \text{(MPa)} \tag{1.8}$$

1.6.3 数值修约规则

实验数据和计算结果都有一定的精度要求,对精度范围以外的数字,应按《数值修约规则与极限数值的表示和判定》(GB 8170—2008)进行修约。简单概括为:四舍六入五考虑,五后非零应进一,五后皆零视奇偶,五前为偶应舍去,五前为奇则进一。

① 在拟舍弃的数字中,保留数后边(右边)第一个数小于 5(不包括 5)时,则舍去。即保留数的末位数字不变。

例如:将 14.2432 修约到保留一位小数。

修约前 14.2432,修约后 14.2。

② 在拟舍弃的数字中,保留数后边(右边)第一个数字大于 5(不包括 5)时,则进一。即保留数的末位数字加一。

例如:将 26.4843 修约到保留一位小数。

修约前 26.4843,修约后 26.5。

③ 在拟舍弃数字中,保留数后边(右边)第一个数字等于 5,5 后边的数字并非全部为零时,则进一。即保留数末位数字加一。

例如：将 1.0501 修约到保留一位小数。

修约前 1.0501，修约后 1.1。

④ 在拟舍弃的数字中，保留数后边（右边）第一个数字等于 5，5 后边的数字全部为零时，保留数为奇数时则进一，若保留数为偶数（包括"0"）则不进。

例如：将下列数字修约到保留一位小数。

修约前 0.3500，修约后 0.4。

修约前 0.4500，修约后 0.4。

修约前 1.0500，修约后 1.0。

⑤ 所拟舍弃的数字，若为两位以上数字，不得连续进行多次（包括二次）修约。应根据保留数后边（右边）第一个数字的大小，按上述规定一次修约出结果。

例如：将 15.4546 修约成整数。

正确的修约是：修约前 15.4546，修约后 15。

不正确的修约是：

修约前	一次修约	二次修约	三次修约	四次修约（结果）
15.4546	15.455	15.46	15.5	16

1.6.4 可疑数据的取舍

在一组条件完全相同的重复实验中，当发现有某个过大或过小的可疑数据时，按数理统计方法给予鉴别并决定取舍。最常用的方法是"三倍标准离差法"，其准则是 $|X_1-\overline{X}|>3\sigma$ 时保留数据。另外还有规定 $|X_1-\overline{X}|>2\sigma$ 时保留数据，但需存疑，如发现试件制作、养护、实验过程中有可疑的变异时，该试件数据应予舍弃。

2

实验仪器设备介绍

2.1 水泥净浆搅拌机

本机是贯彻 GB/T 1346—2011 所规定的专用设备之一，是按 JC/T 729—2005 主要技术参数制造的新型双转双速水泥净浆搅拌机［图 2-1（a）］。将按标准规定的水泥和水混合后搅拌成均匀的实验用净浆，供测定水泥标准稠度、凝结时间及制作安定性试块之用，是水泥厂、建筑施工单位、有关专业院校及科研单位水泥实验室必备的、不可缺少的设备之一。

(a) 水泥净浆搅拌机

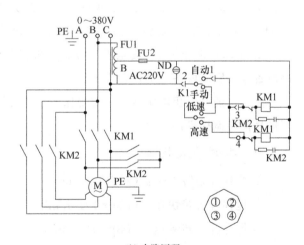

(b) 电路原理

图 2-1　水泥净浆搅拌机及原理图

2.1.1　结构

本机主要由双速电机、传动箱、主轴、偏心座、搅拌叶、搅拌锅、底座、立柱、支座、外罩、程控器等组成。

2.1.2　工作原理

双速电动机通过联轴器将动力传给传动箱内的蜗杆，再经蜗轮及一对齿轮传给主轴并减速，主轴带动偏心座同步旋转，使固定在偏心座上的搅拌叶进行公转，同时搅拌叶通过搅拌叶轴上端的行星齿轮围绕固定的内齿轮完成自转运动，双速电机经时间程控器控制自动完成一次"慢—停—快转"的规定工作程序，搅拌锅与滑板用偏心槽旋转锁紧，电路原理如图 2-1（b）所示。

2.1.3　操作规程

扳动手柄可使滑板带动搅拌锅沿立柱的导轨上下移动。上移到位后旋紧定位螺钉即可搅拌，卸下搅拌锅与之相反。自上方往下看叶片自转方向为顺时针，公转方向相反。先把三位开关（1K、2K）都置于停位置，再将时间控制器插头插入面板的"程控输入"插座，方可接通电源。

搅拌机操作分手动和自动两种

① 自动：将开关 1K 拨至自动位置，即自动完成慢搅 120s、停 10s 后报警 5s、快搅 120s 的动作，然后自动停止。当一次自动程序结束后，若将 1K 开关置于停，再将 1K 开关置于自动，又开始执行下一次自动程序。每次自动程序结束后，必须将 1K 开关置于停，以防停电后程控器发出错误动作。

② 手动：将开关 1K 拨至手动位置，再将三位开关 2K 依次置于慢、停、快、停位置，分别完成各个动作，人工计时。

注意：插座三相电源接线一定要保证叶片公转方向与机体上所标方向一致，否则极易损坏搅拌机构。

2.1.4　主要技术指标

① 搅拌叶公转慢速：（62±5）r/min。

② 搅拌叶公转快速：（125±10）r/min。

③ 搅拌叶自转慢速：（140±5）r/min。

④ 搅拌叶自转快速：（285±10）r/min。

⑤ 电机功率：快速为 370W、慢速为 170W。

2.2　水泥胶砂搅拌机

英文名为 cement mixer。水泥胶砂搅拌机可用作美国标准、欧洲标准、日本标准水泥实验的净浆和砂浆搅拌。本机是水泥厂、建筑施工单位、有关专业院校及科研单位水泥实验室必备的、不可缺少的设备之一。

2.2.1 常用种类及技术参数

M177860 由中国建筑材料科学研究总院水泥科学与新型建筑材料研究所设计，是国家标准《水泥胶砂强度检验方法（ISO 法）》（GB/T 17671—1999）规定的统一设备，适用于水泥胶砂试件制备时的搅拌，并可用于美国标准、日本标准进行水泥实验和净浆胶砂的搅拌。

主要技术参数：

① 搅拌叶宽度：135mm。

② 搅拌锅容量：5L。

③ 净重：70kg。

④ 搅拌叶转速：低自转（140±5）r/min；低公转（62±5）r/min；高自转（280±10）r/min；高公转（125±10）r/min。

JJ-5 型水泥胶砂搅拌机是根据中国建筑材料科学研究总院水泥科学与新型建筑材料研究所的统一图纸制造，符合我国执行国际强度试验方法 ISO 679—1989（E）的标准设备。

技术参数：

① 搅拌叶转速：低速自转（140±5）r/min；低速公转（62±5）r/min；高速自转（285±10）r/min；高速公转（125±10）r/min。

② 搅拌叶在搅拌锅内的运动轨迹同 ISO 679—1989（E）。

③ 搅拌叶宽度：135mm。

④ 搅拌叶与搅拌叶轴连接螺纹：M18×1.5。

⑤ 搅拌锅容积为 5L，壁厚为 1.5mm。

⑥ 搅拌叶与搅拌锅之间的工作间隙：（3±1）mm。

⑦ 电动机为立式分马力双速电动机，功率：0.55/0.37kW。

⑧ 外形尺寸：长×宽×高为 600mm×320mm×660mm。

2.2.2 主要结构

本机主要由双速电机、加砂箱、传动箱、主轴、偏心座、搅拌叶、搅拌锅、底座、立柱、支座、外罩、程控器等组成。

2.2.3 工作原理

主机结构如图 2-2 所示，双速电动机（1）通过联轴器（2）将动力传给传动箱（10）内的蜗杆（3），再经蜗轮（6）及一对齿轮（7 和 9）传给主轴（8）并减速。主轴带动偏心座（12）同步旋转，使固定在偏心座（12）上的搅拌叶（16）进行公转。同时搅拌叶通过搅拌叶轴（14）上端的行星齿轮（13）围绕固定的内齿轮

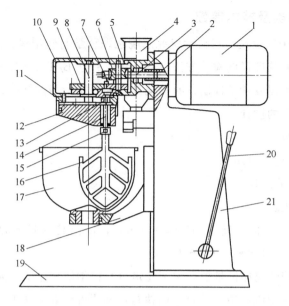

图 2-2　主机结构图

1—双速电动机；2—联轴器；3—蜗杆；4—砂罐；5—传动箱盖；6—蜗轮；

7—齿轮Ⅰ；8—主轴；9—齿轮Ⅱ；10—传动箱；11—内齿轮；12—偏心座；

13—行星齿轮；14—搅拌叶轴；15—调节螺母；16—搅拌叶；

17—搅拌锅；18—支座；19—底座；20—手柄；21—立柱

（11）完成自转运动。搅拌锅（17）与支座（18）用偏心槽旋转锁紧，砂罐内加砂子后，可在规定时间自动加砂或手动加砂，手柄（20）用于升降和定位搅拌锅位置用。

2.2.4　操作规程

将本机电源插头插入电源插座接通电源，红色指示灯亮表示电源接通，再将程控器插头插入本机程控器插座，程控器数码管显示为0，砂罐（4）内装入标准砂，搅拌锅（17）内装入水、水泥，将搅拌锅（17）装入支座（18）定位孔中，顺时针转动锅至锁紧，再扳动手柄（20）使搅拌锅（17）向上移动处于搅拌工作定位位置。

电器部分可分别用"自动"和"手动"功能操作，可根据要求选择。

自动功能的操作：

① 将立柱上的功能切换开关拨至"自动"位置，按下控制器上的启动开关，整个运行程序由控制箱自动控制运行。

② 全过程运行完毕后自动停止。在运行过程中如需中途停机，可按下停止钮，然后可重新启动重新工作。

③ 按下启动钮后，显示屏即开始显示时间、慢速、加速、停止、快速，运行

指示灯同步闪亮。

④ 自动控制时，必须把手动功能的开关全部拨到停的位置。

手动功能的操作：

① 将立柱上的功能切换开关拨至"手动"位置。

② 根据控制程序要求逐步按下所需的功能按钮，时间由操作者用秒表控制。

2.3 混凝土搅拌机

混凝土搅拌机（图 2-3）由动力机构、传动机构和滚筒组成，在滚筒筒体上装有围绕滚筒筒体设置的齿圈，传动轴上设置与齿圈啮合的齿轮，采用齿轮、齿圈啮合后，可有效克服雨雾天气时托轮和搅拌机滚筒之间的打滑现象，采用的传动机构又可进一步保证消除托轮和搅拌机滚筒之间的打滑现象。

图 2-3 混凝土搅拌机

2.3.1 常用种类

按工作性质分间歇式（分批式）和连续式；按搅拌原理分自落式和强制式；按安装方式分固定式和移动式；按出料方式分倾翻式和非倾翻式；按拌筒结构形式分梨式、鼓筒式、双锥形、圆盘立轴式和圆槽卧轴式等。

自落式搅拌机有较长的历史，早在 20 世纪初，由蒸汽机驱动的鼓筒式混凝土搅拌机已开始出现。20 世纪 50 年代后，反转出料式和倾翻出料式的双锥形搅拌机以及裂筒式搅拌机等相继问世并获得发展。自落式混凝土搅拌机的拌筒内壁上有径向布置的搅拌叶片。工作时，拌筒绕其水平轴线回转，加入拌筒内的物料被叶片提升至一定高度后，借自重下落，这样周而复始地运动，达到均匀搅拌的效果。自落式混凝土搅拌机的结构简单，一般以搅拌塑性混凝土为主。

强制式搅拌机从 20 世纪 50 年代初兴起后，得到了迅速的发展和推广。最先出现的是圆盘立轴式强制混凝土搅拌机。这种搅拌机分为涡桨式和行星式两种。20 世纪 70 年代后，随着轻骨料的应用，出现了圆槽卧轴式强制搅拌机，它又分单卧轴和双卧轴式两种，兼有自落和强制两种搅拌的特点。其搅拌叶片的线速度小，耐磨性好，耗能少，发展较快。强制式混凝土搅拌机拌筒内的转轴臂架上装有搅拌叶片，加入拌筒内的物料，在搅拌叶片的强力搅动下，形成交叉的物流。这种搅拌方式远比自落搅拌方式作用强烈，主要适于搅拌干硬性混凝土。

连续式混凝土搅拌机装有螺旋状搅拌叶片，各种材料分别按配合比经连续称量后送入搅拌机内，搅拌好的混凝土从卸料端连续向外卸出。这种搅拌机的搅拌时间短，生产率高，其发展引人注目。

随着混凝土材料和施工工艺的发展，又相继出现了许多新型结构的混凝土搅拌机，如蒸汽加热式搅拌机、超临界转速搅拌机、声波搅拌机、无搅拌叶片的摇摆盘式搅拌机和二次搅拌的混凝土搅拌机等。

2.3.2 搅拌机功能

① 使各组成成分宏观与微观上均匀。

② 破坏水泥颗粒团聚现象，促进弥散现象的发生。

③ 破坏水泥颗粒表面的初始水化物薄膜包裹。

④ 促使物料颗粒间碰撞摩擦，减少灰尘薄膜的影响。

⑤ 提高拌合料各单元体参与运动的次数和运动轨迹的交叉频率，加速匀质化。

2.3.3 主要技术参数

主要技术参数如表 2-1 所示。

表 2-1 搅拌机的主要技术参数

技术参数		JS500	JS750	JS1000	JS1500	JS2000
出料容量/L		500	750	1000	1500	2000
进料容量/L		800	1200	1600	2400	3200
生产率/(m³/h)		≥25	≥37.5	≥50	≥75	≥100
骨料最大粒径(卵石/碎石)/mm		80/60	80/60	80/60	80/60	80/60
搅拌叶片	转速/(r/min)	35	31	25.5	25.5	23
	数量	2×7	2×7	2×8	2×10	2×10
搅拌电机	型号	Y180M-4	Y200L-4	Y225S-4	Y225M-4	Y280S-4
	功率/kW	18.5	30	37	45	75
卷扬电机	型号	YEZ132S-4-B5	YEZ132M-4-B5	YEZ160S-4	YEZ180L-4	YEJ180L-4
	功率/kW	5.5	7.5	11	18.5	22
水泵电机	型号	50DWB20-8A	65DWB35-5	KQW6	KQW65	CK65/20L
	功率/kW	0.75	1.1	3	3	4
料斗提升速度/(m/min)		18	18	21.9	23	26.8
外形尺寸 (长×宽×高)/ (mm×mm ×mm)	运输状态	3050×2300 ×2680	3650×2600 ×2890	4640×2250 ×2250	5058×2250 ×2440	5860×2250 ×2735
	工作状态	4461×3050 ×5225	4951×3650 ×6225	8765×3436 ×9540	9645×3436 ×9700	10720×3870 ×10726
整机质量/kg		4000	5500	8700	11130	15000
卸料高度/mm		1500	1600	2700	3800	3800

2.3.4 操作规程

① 搅拌前应空车试运转。

② 根据搅拌时间调整时间继电器定时，注意在断电情况下调整。

③ 水湿润搅拌筒和叶片及场地。

④ 过程如发生电器或机械故障，应卸出部分拌合料，减轻负荷，排除故障后再开车运转。

⑤ 操作使用时，应经常检查，防止发生触电和机械伤人等安全事故。

⑥ 实验完毕，关闭电源，清理搅拌筒及场地，打扫卫生。

2.3.5 注意事项

① 混凝土搅拌机应设置在平坦的位置，用方木垫起前后轮轴，使轮胎搁高架空，以免在开动时发生走动。

② 混凝土搅拌机应实施二级漏电保护，使用前电源接通后，必须仔细检查，经空车试转认为合格，方可使用。试运转时应检验拌筒转速是否合适，一般情况下，空车速度比重车（装料后）稍快 2～3 转，如相差较多，应调整动轮与传动轮的比例。

③ 拌筒的旋转方向应符合箭头指示方向，如不符合，应更正电机接线。

④ 检查传动离合器和制动器是否灵活可靠，钢丝绳有无损坏，轨道滑轮是否良好，周围有无障碍及各部位的润滑情况，等。

⑤ 开机后，经常注意混凝土搅拌机各部件的运转是否正常。停机时，经常检查混凝土搅拌机叶片是否打弯，螺丝有否打落或松动。

⑥ 当混凝土搅拌完毕或预计停歇 1h 以上，除将余料清理干净外，应用石子和清水倒入料筒内，开机转动，把黏在料筒上的砂浆冲洗干净后全部卸出。料筒内不得有积水，以免料筒和叶片生锈。同时还应清理搅拌筒外积灰，使机械保持清洁完好。

⑦ 停机不用时，应拉闸断电，并锁好开关箱，以确保安全。

2.4 砂浆搅拌机

2.4.1 仪器简介

砂浆搅拌机设备能够满足不同性能要求的干粉砂浆、干粉物料、干粉黏合剂等的生产需要，如腻子粉、干粉涂料、砌筑砂浆、抹灰砂浆、保温系统所需砂浆、装饰砂浆等各种干粉砂浆，并且具有占地小、投资少、见效快、操作简单等诸多优点。

2.4.2 工作原理

机器工作时，机内物料受两个相反方向的转子作用，进行着复合运动，桨叶带动物料一方面沿着机槽内壁作逆时针旋转，一方面左右翻动，在两转子交叉重叠处形成失重区，在此区域内，不论物料的形状、大小、密度如何，都能使物料上浮处于瞬间失重状态，这使物料在机槽内形成全方位连续循环翻动，相互交错剪切，从而达到快速、柔和、混合均匀的效果。

2.4.3 结构特点

① 砂浆搅拌机（图2-4）为卧式筒体，内外两层螺旋带具有独特的结构，运转

平稳、质量可靠，噪声低，使用寿命长，安装维修方便，并有多种搅拌器结构，是用途广泛的多功能混合设备。

② 混合速度快，混合均匀度高，特别是黏性物料，螺旋带上可以安装刮板，更适应稠状、糊状物料的混合。

③ 在不同物料的混合要求下（特殊物料每次混合后必须清洗），采用不同螺旋带结构，可选用加热、干燥的夹套。

④ 对特种雾化液体，设有特种喷头。

⑤ 卧式机体也可以设有活动门，以便供用户清洗。

图2-4　砂浆搅拌机

砂浆搅拌机由搅拌桶、传动轴、电机、搅拌叶片、飞刀装置、进料口、出料口、观察门、取样器、安全检测开关、溢气装置等组成，这些装置的目的和任务是搅拌均匀所有的物料。

搅拌桶：市面上干混砂浆搅拌桶有立式和卧式两种，立式一般不被采用，干混砂浆的物料密度不同，在同一空间内进行搅拌，重物料沉底（砂子），轻物料上浮（添加剂），肉眼看不到，但实际就是如此，所以卧式被广泛应用。

传动轴：卧式搅拌机有单轴和双轴两种，双轴搅拌机一般用在搅拌饲料或者对物料均匀度要求不高的行业。

搅拌叶片：叶片的形式有沸腾式、犁刀式、螺带式。沸腾式运动时（相对理想），要看扬料力度是否恰恰到位，叶片扬料力度过大时，重物料抛远了，轻物料抛近了；若叶片扬料力度轻了，物料没有扬起来，就不是沸腾式，是犁刀式了。犁刀式，顾名思义，和农村黄牛犁田的原理相同，叶片经过物料只是让一小部分物料在搅拌桶底翻滚一次，搅拌桶越长，左边和右边的物料要混合一次需要的时间也越长，甚至混合不了，此类搅拌机用在干混砂浆行业，不尽如人意。螺带式双速搅拌机是目前最为理想的一种干混砂浆搅拌机，其螺带式叶片低速转动，从搅拌桶底绕

圈，将所有物料一一带向中轴，高速的中轴上有十多把飞刀（11kW，可调速，可伸缩），即刻打散扑来的物料。

2.4.4 操作规程

① 接通电源，在搅拌前，先用湿布将搅拌锅和搅拌叶擦净。

② 将称好的水泥与标准砂倒入搅拌锅内。

③ 开动机器，拌和 5s 后徐徐加水，在 20～30s 内加完。

④ 自开动机器起搅拌（180±5）s 停机。

⑤ 将黏在叶片上的胶砂刮下，取下搅拌锅。

⑥ 待操作结束后，应及时清洗搅拌叶和搅拌锅。

2.4.5 技术指标

① 搅拌筒：ϕ380mm×250mm。

② 电源电压：380V。

2.5 微机控制压力试验机

2.5.1 基本简介

微机控制压力试验机主要用于金属及非金属等材料的拉、压、弯、剪切等实验。试样夹持采用液压结构。可根据 GB、JIS、ASTM、DIN、ISO 等标准自动求出抗拉（抗压）强度、最大力值、上屈服强度、下屈服强度、规定非比例延伸强度、弹性模量、各种伸长（压缩）应力、各种延伸率、弯曲挠度等参数。

2.5.2 主要特点

① 整机简单实用、直观方便，目前在国内市场占据优势地位。

② 无需调试，平稳落地，加油、接电即可工作。

③ 微机控制，屏幕显示力值、峰值、曲线及加荷过程，可保存、打印实验报告。

④ 该机具备手动、自动两套加荷系统，转换自如。

⑤ 该机采用先进的模块化控制系统，自动加荷，自动卸载，完全自动化。性能可靠，便于拆装维护。

⑥ PC 机全数字控制系统：全程不分挡，自动调零、标定。

⑦ 油缸下置式主机，特快活塞回落，大大加快实验进程，提高工作效率。

2.5.3 技术参数

① 最大实验力：300kN。

② 精度等级：0.5mm。

③ 实验力测量范围：0.4％～100％FS。

④ 实验力示值准确度：示值的±0.5％以内。

⑤ 力控速率控制精度：当速率＜0.05％FS 时，精度为设定值的±2％；当速率≥0.05％FS 时，精度为设定值的±0.5％以内。

⑥ 实验力分辨率：最大实验力的 1/200000，最高可达 1/300000。

⑦ 变形测量范围：1％～100％FS。

⑧ 变形示值准确度：示值的±0.5％以内。

⑨ 变形分辨率：最大实验力的 1/200000，最高可达 1/300000。

⑩ 变形速率控制精度：当速率＜0.05％FS 时，精度为设定值的±2％；当速率≥0.05％FS 时，精度为设定值的±0.5％以内。

⑪ 位移示值准确度：示值的±0.5％以内。

⑫ 位移分辨率：0.001mm。

⑬ 位移速率控制精度：当速率＜0.05％FS 时，精度为设定值的±2％；当速率≥0.05％FS 时，精度为设定值的±0.5％以内。

⑭ 压缩面最大间距：600mm。

⑮ 拉伸钳口最大间距：550mm。

⑯ 活塞行程：200mm。

⑰ 圆试样夹持直径：ϕ10mm～ϕ25mm。

⑱ 扁试样夹持厚度：0～20mm。

⑲ 上下压板尺寸：ϕ100mm。

⑳ 弯曲支辊间最大距离：400mm。

㉑ 两立柱间有效宽度：480mm。

㉒ 主机外形尺寸及极限高度：780mm×500mm×2065mm。

㉓ 控制台外形尺寸：520mm×580mm×1050mm。

㉔ 电源功率：1000kW。

㉕ 质量：1500kg。

2.5.4 操作规程

① 接通电源，检查机器是否运转正常，并做好设备运转记录。

② 先把试件按要求放好，打开试验机油泵电源，用鼠标点击上升按钮，实验开始，活塞开始上升，如试件未放好，可用鼠标点击下降，放好再上升。

③ 启动计算机，进入计算机初始化程序，根据实验要求，确定加荷速度、龄期，输入编号。

④ 在菜单中选择继续时程序会处于自动下降状态，做完一个试样后拿下换上新试样。

⑤ 实验结束，检查本机运转是否正常，先退出程序，关闭计算机，最后关闭工控箱电源，并做好设备使用记录。

2.6 水泥抗折试验机

水泥抗折试验机（图 2-5）主要作为水泥厂、建筑施工单位及有关专业院校科研单位做水泥软练胶砂抗折强度检验用，并可作其他非金属脆性材料的抗折强度检验。

2.6.1 机器的构造

本试验机由底座、立柱、上梁、长短拉杆、大小杠杆、扬角指示板、抗折夹具、游动砝码、大小平衡砣、传动电机、传动丝杆及电器控制箱等零部件组成。

图 2-5 水泥抗折试验机

2.6.2 技术参数

① 毛重/净重：150kg/85kg。

② 包装尺寸：1280mm×400mm×840mm。

③ 电压/功率：220V/15W。

④ 最大实验力：单杠杆时 1000N；双杠杆时 6000N。

⑤ 示值精度：±1%，单杠杆出力比为 10∶1，双杠杆出力比为 50∶1。

⑥ 加载速率（双杠杆）：50N/s。

⑦ 抗折夹具：加荷圆柱及支撑圆柱直径为 ϕ10mm；两支撑圆柱中心距为（100±0.1）mm。

⑧ 隔板间距（加荷圆柱与支撑圆柱有效长度）：≥46mm。

2.6.3 使用方法

① 保持杠杆平衡，在使用中要经常注意杠杆平衡，检查平衡是否松动并紧固好。

② 检查上下卡具是否在一中心线上，支撑圆柱是否干净、是否磨损、是否可以转动自由，下卡具是否运动自由。

③ 在将试块放入抗折夹具时要按水泥挡板放正，并调整夹具使杠杆有一个在试体折断时接近平衡状态的仰角。

④ 实验：按上述几点检查后卡好试块即可开始实验，按启动电钮电机，带动

丝杠转动，游动砝码从"0"开始移动加荷，当加到一定数值时试体折断，主尺一端定位触杆，压开微机开关，电机停转，游砣停止，此时记下数值，就完成一次实验过程。

2.6.4　操作规程

① 实验前须擦去试体表面附着的水分和砂粒，清除夹具上圆柱表面黏着的杂物，试体放入抗折夹具内，应使侧面与圆柱接触。

② 调整夹具，在试体放入前应使杠杆呈平衡状态。在试体折断时尽可能地接近平衡位置。

③ 按动启动按钮，指示灯亮，电机带动丝杠转动，游动砝码移动加载，当加到一定数值时试体折断，即可在主尺下边的刻度上读取抗折强度的数值，抗折强度结果取三块试体平均值并取整数值。当三个强度值中有超过平均值±10%的，应剔除后再平均，其平均值作为抗折强度实验结果。

2.7　微机控制电液伺服土动三轴压力试验机

2.7.1　用途及适用范围

SDT-20 型微机控制电液伺服土动三轴试验机主要用于岩石、砂土、岩浆的轴向压力和侧向压力的强度实验、土动力学实验。通过 3～4 个圆柱形试样，分别在不同的周围压力下，施加动态轴向压力，进行剪切直至破坏，测定土的抗剪强度，然后根据莫尔-库仑定律，求得抗剪强度参数、细粒土和砂土的总抗剪强度参数和有效抗剪强度参数。本试验机采用计算机多通道闭环数字控制，是水利水电、大专院校、科研院所理想的土工实验设备。

根据排水条件的不同应能完成以下实验：

① 不固结不排水实验；

② 固结不排水实验；

③ 固结排水实验。

2.7.2　主要技术指标与要求

（1）轴向激振最大负荷：

① 轴向激振动态负荷：±20kN。

② 轴向激振静态负荷：0～20kN。

③ 静态负荷精度：优于±0.5%。

④ 负荷分挡：2、5、10 三挡。

⑤ 动态负荷示值波动度：a. 平均负荷波动度为优于±0.5%；b. 负荷振幅波

动度为优于±2％。

（2）轴向变形：轴向静变形控制 0.01～5mm/min。

① 变形精度：优于±0.5％。

② 变形量程：±20mm。

③ 应变测量：4～10。

（3）轴向激振器位移：

① 行程：±40mm。

② 位移测量精度：50mm 时优于±1％ FS。

（4）三轴压力室压力：0～1MPa。

（5）试样尺寸：ϕ61.8mm×150mm；ϕ39.1mm×80mm。

（6）实验控制系统：

① 实验波形：正弦波、三角波、方波、梯形波、斜波等。

② 轴向、侧向激振频率：0～20Hz。

③ 轴向、侧向既可实现分别激振，也可实现复合激振。

④ 在轴向、侧向以正弦波进行相同频率激振时，相位在 0～360°内可进行自由调节。

⑤ 多通道多参数全数字闭环控制，自动调节系统的 PIDL 值，采用高分辨率的反馈采样和信号调节技术，所有通道均以 5kHz 速率进行同步反馈和数据采集。

⑥ 可选择力（应力）、变形（应变）、位移等多种控制方式。

（7）孔压精度：1MPa 时优于±1％。

（8）试验机控制系统能自动标定试验机准确度，能够自动调零。

（9）实验条件、参数设置和实验结果系统会自动存盘。

（10）系统具有过载、破坏保护、次数设定功能。

（11）提供动强度、模量和静力实验软件。

（12）液压源：流量 30L/min；压力 21MPa。

（13）计算机全数字显示多个工程量，多通道并行独立完成测量、显示、控制任务。

（14）实验控制软件在 Windows 环境下运行，界面友好，操作简单，能完成实验条件、试样参数等的设置以及实验数据处理，实验数据能以多种文件格式保存，实验结束后数据可导入 Word、Excel 等多种软件下进行处理，实验完成后可对数据进行分析处理，并打印出实验报告。

2.7.3 操作规程

① 装夹试样。

② 调节压力室：实验前应将压力室各部分清理干净，然后操作气动转阀使压力室缓慢落下，对正位置，紧固。

③ 加围压水：打开排气球阀，关闭上下孔压、反压球阀，通过汽水系统围压水缸进水球阀，注满水。

④ 开控制单元电源，打开计算机，启动实验程序后启动液压源。

⑤ 启动围压作动器，打开围压球阀，按预先设定好的围压要求，达到一个稳定的压力值，关闭围压球阀。

⑥ 启动轴向载荷作动器，达到实验预设的交变应力状态。

⑦ 实验结束时应先关闭轴向荷载作动器，然后再关闭围压作动器。

⑧ 排水打开压力室。

⑨ 起吊压力室。

2.8 沥青混合料理论最大相对密度试验器

2.8.1 用途及适用范围

本仪器是根据中华人民共和国交通部标准 JTG E20—2011《公路工程沥青及沥青混合料试验规程》中的 T 0711—2011《沥青混合料理论最大相对密度试验（真空法）》所规定的要求设计制造的。

本仪器适用于真空法测定沥青混合料的理论最大相对密度，供沥青混合料配合比设计、路况调查或路面施工质量管理计算空隙率、压实度等使用。但不适用吸水率大于3%的多孔性集料的沥青混合料。

2.8.2 主要技术参数

① 电源电压：AC（220±10%）V、50Hz。

② 容器容积：4L×2只。

③ 真空泵功率：160W。

④ 负压容器内负压：3.7kPa（27.75mmHg），允许偏差±0.3kPa。

⑤ 振动机功率：30W。

⑥ 外形尺寸：510mm×520mm×380mm（长×宽×高）。

2.8.3 仪器特点及结构

本仪器由机架、真空泵、振动器及单片机控制电路组成，特点如下：

① 采用单片机控制，自动化程度高，操作方便、简单、可靠。

② 负压及负压保持时间和振动时间均由 LED 数码管显示，清晰直观。

③ 具有负压校准功能。

④ 实验容器采用不锈钢材料，经久耐用，清洗方便。

⑤ 能同时进行两个试样的平行实验，结构合理，使用方便，效率高。

2.8.4 仪器工作原理

本机的工作原理框图如图 2-6 所示。系统的工作原理如下：

控制电路可以控制真空泵的启动、停止；实验时，开动真空泵，开始抽真空，绝压传感器检测到压力信号。

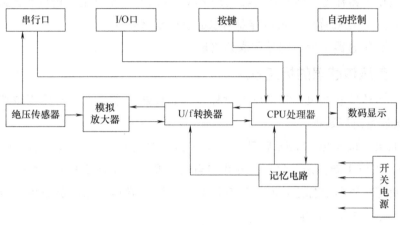

图 2-6 工作原理框图

传感器信号输入到模拟放大器放大后经 U/f 转换器转换，转换后的数据输入 CPU 进行数据处理，计算出容器的负压并经数码管实时显示。

当 CPU 检测到负压已达到要求时便进入负压保持阶段，保持时间及随后的振动时间均采用倒记时，并由数码管分别显示。

2.8.5 仪器的安装

① 打开包装箱，清点备品备件。

② 将仪器安放在平整、稳固的试验台上，调整仪器，使仪器处于基本水平的状态。

③ 检查供电电源应符合本仪器的要求，并有良好的接地端。

2.8.6 实验前的准备

① 使用本仪器前应仔细阅读使用说明书。

② 仔细阅读中华人民共和国交通部标准 JTG E20—2011《公路工程沥青及沥青混合料试验规程》中的 T 0711—2011《沥青混合料理论最大相对密度试验（真空法）》，了解并熟悉标准所阐述的实验方法、实验步骤和实验要求。

③ 按标准所规定的要求，准备好实验用的各种实验器具、材料等。

④ 检查本仪器的工作状态，使其符合说明书所规定的工作环境和工作条件。

⑤ 检查本仪器的外壳，必须处于良好的接地状态。

⑥ 将沥青混合料团块仔细分散，粗集料不破碎，细集料团块分散到小于6.4mm。若混合料坚硬时可用烘箱适当加热后分散，一般加热温度不超过60℃，分散试样应用手掰开，不得用锤击碎，防止集料破碎。当试样是从路上采集的非干燥混合料时，应用电风扇吹干至恒重后再操作。

⑦ 负压容器标定：将负压容器装满25℃±0.5℃的水（上面用玻璃板盖住保持完全充满水），正确称取各负压容器与水的总质量（m_1）。

⑧ 将负压容器干燥，编号称取其质量。

2.8.7 负压传感器的标定方法

① 负压传感器在出厂时都已经过标定，如仪器正常请勿轻易使用该功能，标定后无法恢复出厂数据。

② 如果开机预热15min后显示的负压值与当地的大气压有差别（误差大于0.3kPa），可以重新标定，气压的变化与当地的温度、气流等很多因素有关。

③ 负压传感器的标定：必须具有标准负压计量器具才能对负压传感器进行标定，不建议用户自行标定。

2.8.8 注意事项

① 仪器使用前应确定供电电压为220V±22V、50Hz，并有良好的接地装置。

② 负压容器内放入试样后，水量最高水位应低于容器口以下3cm，以防水吸入真空泵造成损坏。

③ 开启真空泵后如压力显示器无压力显示，应关机查明原因后再开机。

④ 真空泵是本仪器的精密部件，非专业人士严禁拆卸。

⑤ 实验结束后，应将负压容器清洗干净并擦干，不得碰撞，防止外形发生变化而不能装入定位圈或影响密封。

2.9 沥青混合料马歇尔试验仪

2.9.1 用途及适用范围

SYD-0709马歇尔稳定度试验仪是根据中华人民共和国行业标准JTG E20—2011《公路工程沥青及沥青混合料试验规程》中的 T 0709—2011《沥青混合料马歇尔稳定度试验》规定的要求设计制造的，适用于沥青混合料的马歇尔稳定度试验，能够准确地判断沥青混合料的破坏点，以进行沥青混合料的配合比设计或沥青路面施工质量检验。

本仪器操作方便，噪声低，自动化程度高，测试快捷方便，测试结果可靠，测试效率高，是各沥青生产企业、公路、桥梁建设单位和各相关大专院校、研究机构首选的沥青混合料马歇尔稳定度试验的仪器。

2.9.2 主要技术指标及参数

① 测试荷载：0～50.00kN，测量误差为±0.05% FS。

② 测试位移：0～10mm，测量误差为±0.5% FS。

③ 加载速率：（50±5）mm/min。

④ 试样加载夹具：ϕ100mm（ϕ100mm 试样加载夹具为本仪器的标准配置，用户还可以另行选购 ϕ150mm 试样加载夹具）。

⑤ 加载形式：自动和手动两种形式。

⑥ 通信接口：串口通信。

⑦ 使用条件：环境温度－10～35℃；相对湿度≤85%。

⑧ 仪器体积：580mm×560mm×1400mm（长×宽×高）。

⑨ 整机质量：86kg（净重）。

⑩ 工作电源：AC380V、50Hz、700W（三相四线制，带零线）。

2.9.3 仪器的主要特点

本机由电动（或手动）加载、自动控制、数据显示等组成，仪表部分由高亮度大屏幕液晶显示屏、键盘和面板式打印机组成，具有以下特点：

① 采用高亮度大屏幕液晶显示屏、轻触型面板开关，实验数据显示清晰，操作方便。

② 配有 24 字符/行微型打印机打印实验结果，根据用户要求可另行配置 A4 打印机。

③ 具有三路高速 A/D 转换，采样速率为每路 100 次/min，采样精度高，采样数据准确可靠。

④ 具有自动和手动两种加载形式，一般情况下采用自动加载形式，特殊情况下则可采用手动加载形式。

⑤ 具有实时测试、峰值保持、自动停机、数据自动打印、自动选择最佳打印曲线功能。

⑥ 采用双电子位移计，四位数字显示，位移数据准确可靠。

⑦ 具有状态设置记忆功能，状态设置后，数据由计算机保存。

⑧ 具有断电后保护实验结果及年、月、日、时、分、秒自动生成打印的功能。

⑨ 可根据用户需要增加统计、存储功能。

⑩ 具有紧急关机保护功能，遇紧急情况时按急停开关即可强行关机。

⑪ 具有缺相保护电路和三相正反转控制模块，确保仪器安全运行。

2.9.4 仪器的工作原理

（1）本机的工作原理框图（图 2-7）

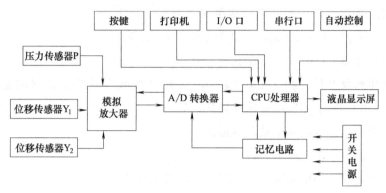

图 2-7　工作原理框图

（2）系统的工作原理

控制电路可控制升降电机带动试样压头上升或下降。实验时，试样压头上升，由此对试样加荷载，压力传感器 P 检测出压力信号。同时，位移传感器 Y_1、Y_2 检测出位移信号。

传感器检测到的三路信号输入到模拟放大器，经放大后，由 A/D 转换器进行高速 A/D 的转换。转换后的数据输入 CPU 进行数据处理，计算出试样的马歇尔稳定度参数并在液晶显示屏作实时显示。另外，CPU 根据各个输入端口发送的中断信息对存储的数据进行调用后，作出相应的处理。根据需要，启动打印机可将马歇尔稳定度参数打印输出。

2.9.5 仪器的使用

（1）实验前的准备

① 使用本仪器前请仔细阅读使用说明书。

② 仔细阅读中华人民共和国行业标准 JTG E20—2011《公路工程沥青及沥青混合料试验规程》中的 T 0709—2011《沥青混合料马歇尔稳定度试验》，了解并熟悉标准所阐述的实验方法、实验步骤和实验要求。

③ 按照标准所规定的要求，准备好实验用的各种实验器具、材料等。

④ 检查本仪器的工作状态，应满足说明书所规定的工作环境和工作条件。

⑤ 检查本仪器的外壳，必须处于良好的接地状态。

（2）试样的制备

按照中华人民共和国行业标准 JTG E20—2011《公路工程沥青及沥青混合料试验规程》中 T 0702—2011《沥青混合料试件制作方法（击实法）》规定的要求，制作成适用于马歇尔试验仪用的试件。

（3）压头的拆卸与安装

① 开启电源，按下降键使下压头下降至最低点，取下两个位移传感器。

② 拉出"定位拉手"，使上压头脱离传感器下的固定接头。

③ 双手各握住上、下压头的左、右两端，向上提起上、下压头，使下压头底部的固定套环脱离升降头。

④ 然后将上、下压头取出（请注意上压头上有一个钢球，在拆卸时请妥善保管，在安装压头时原样装好）。

⑤ 压头的安装过程与拆卸过程相反，按相反的程序安装即可。

（4）实验准备

① 将未浸水的马歇尔试样卧放在压头中，开机使马歇尔试样和上、下压头吻合，调节 Y_1 和 Y_2 各为 1mm 左右（显示屏的位移窗口有当前的位移量显示）。

② 按"下降"键，使下压头和位移传感器表杆离开约 3～5mm，取出下压头中的马歇尔试样，可进行正式实验。

实验准备是一项十分重要的工作，目的是为了保证在正式实验时，先有位移值后有压力值，保证实验结果的准确性。否则，如果试样已被压住，而位移传感器的值仍为零，将导致实验结果的错误。

（5）实验步骤

① 将马歇尔试样卧放在压头中。

② 按开始键，电机启动带动下压头上升。当压力传感器有值时，自动将当前的位移作为参考点，液晶显示屏显示的位移值是位移的相对变化量。

③ 试件破坏后，系统自动停机下降，打印实验结果。如果要继续实验，按"3/清除"键先清除上一次的实验结果，然后再按照上述步骤重新实验。

注意：如果系统没有检测到被测试样的破坏点，可重新开机，退出实验过程。

2.9.6　注意事项

① 仪器安装的场所应满足技术条件所规定的要求，并避免在下列场合下使用：

a. 地面不平整、不牢固、振动、摇摆的场合。

b. 日光直射的地方。

c. 高温、多尘、潮湿及有腐蚀性气体的地方。

② 供给本仪器的工作电源应有良好的接地端，以确保使用安全。

③ 仪器内外保持整洁，仪器内部不得流入水或进入杂物。

④ 本仪器是精密计量仪器，仪器的拆装、检修必须由专业人员进行。

⑤ 本机装有断相、异相保护器，如首次开机按启动按钮后电机不动作，通常是三相相位不对引起的。用户可通过改变输入插头上任意二相的位置来改变电源的相序。

⑥ 在进行压力标定时，绝对不能按动面板上的"启动""上升""下降"键，以免发生意外。

⑦ 压力标定结束后必须将手动加载轴上的手轮取下，检查无误后方可进行正式实验。

警告：仪器做压力实验时，切勿将手伸到压力实验区域，防止发生意外！

特别注意：若用户选用了 ϕ150mm 试样加载夹具，在将 ϕ150mm 试样加载夹具装入仪器时有效空间会减小，此时可将仪器的横梁往上移到合适的位置，但必须使横梁水平且螺丝完全固定好。

2.10 沥青混合料电动击实仪

2.10.1 用途及适用范围

SYD-0702（0702A）型马歇尔电动击实仪是根据中华人民共和国交通行业标准 JTG E20—2011《公路工程沥青及沥青混合料试验规程》中的 T 0702—2011《沥青混合料试件制作方法（击实法）》所规定的要求设计制造的。其中，0702 型为标准击实仪，适用于标准马歇尔试验、间接抗拉试验（劈裂法）等所使用的 ϕ101.6mm×63.5mm 圆柱体试件的成型。0702A 型为大型击实仪，适用于大型马歇尔试验和 ϕ152.4mm×95.3mm 大型圆柱体试件的成型，也适用于标准马歇尔试验、间接抗拉试验（劈裂法）等所使用的 ϕ101.6mm×63.5mm 圆柱体试件的成型。

2.10.2 主要技术指标和参数

① 重锤 1：（4536±9）g（0702 和 0702A 型配置）。

② 重锤 2：（10210±10）g（0702A 型配置）。

③ 重锤落差：（457.2±1.5）mm。

④ 试模 1：适用于 ϕ101.6mm×63.5mm 试件（0702 和 0702A 型配置）。

⑤ 试模 2：适用 ϕ152.4mm×95.3mm 试件（0702A 型配置）。

⑥ 击实速度：（60±5）次/min。

⑦ 击实次数：0～999 次。

⑧ 木块击实座：457mm×200mm×200mm。

⑨ 混凝土底座：120mm×460mm×480mm。

⑩ 电源电压：AC（220±22）V、50Hz。

⑪ 电动机功率：370W。

⑫ 外形尺寸：550mm×550mm×1740mm（长×宽×高）。

⑬ 整机质量：约180kg。

2.10.3 仪器主要特点

① 本仪器为落地式结构，由机械锤击与电气控制箱两部分组成，机械锤击传动机构由电机、减速机、链条驱动。

② 电路控制采用单片微处理器控制，可预置计数器，计数值可在0～999次范围内任意选择，可按事先设定的击实次数自动击实，自动停止，自动切断电源，并关闭电机，可保证停在方便提锤装卸的位置。

③ 设计有人性化的手动提锤功能，使提锤操作省力、便捷，给用户带来方便。

④ 采用压圈固定试模套的机构，解决试模固定问题，使试模不易移动，更加稳固，减少实验误差。

⑤ 设有安全操纵杆，当试模正在装入或取出时可使击实压头不能落下。

2.10.4 仪器结构

（1）主机结构（图2-8）

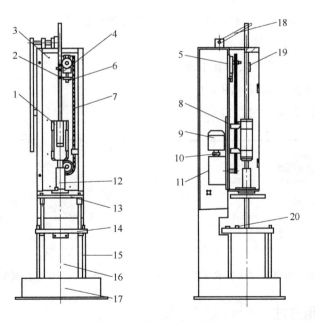

图2-8 主机结构示意图

1—重锤；2—导轨滑杆；3—机箱体；4—链条调整装置；5—计数传感器；6—链条调整锁紧装置；7—链条；8—提锤块；9—电机；10—联轴器；11—减速器；12—击实压头；13—试模压圈；14—击实台；15—紧固螺杆；16—木质击实座；17—混凝土底座；18—锤提升机构；19—限位块；20—试模定位销

31

（2）手动提锤装置

本仪器设计有手动提锤装置（图 2-9），方便用户操作，提锤方法如下。

图 2-9　手动提锤装置

① 重锤原始状态处于提升状态，放下时的操作步骤：

步骤 1：右手将弹簧扳手往右拉。

步骤 2：左手将手动拉杆往下放。

② 重锤原始状态处于放下状态，提升时的操作步骤：

步骤 1：将手动拉杆往上拉。

步骤 2：拉杆自动卡入弹簧卡座。

（3）控制器控制面板（图 2-10）

（4）控制器背面（图 2-11）

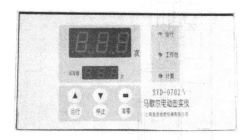

图 2-10　仪器控制器控制面板示意图

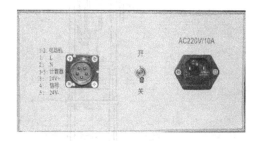

图 2-11　仪器控制器背面示意图

2.10.5　使用方法

（1）仪器安装

① 击实仪应水平安装在水泥混凝土基座上，并用预埋的 M16 螺栓与击实仪底部钢板紧固连接。螺栓孔中心距离为 500mm×500mm。

② 底座浇注前，应仔细调整仪器水平和击实压头中心。调整时以试模钢板击实台为基础，装上试模，松开安全操纵杆，用手提起导轨滑杆上下活动，调整击实台的位置和水平，以调整击实压头与试模压圈之间的间隙，保证击实压头与试模压圈间应没有摩擦现象，使击实压头在试模内上下活动自如。

③ 将水泥混凝土浇注在仪器底部的混凝土底座内（包括箱体的底部）。混凝土的高度约为 120mm，应埋住木质击实座下端。待水泥混凝土凝固达到足够强度后，才可击实试件。

（2）仪器使用

① 拧紧击实控制连接电缆线插头。

② 接通电源，预置击实次数。

③ 选择并安装好重锤。

④ 每次击实前应将击实压头、试模内壁及试模底座涂刷机油。

⑤ 打开安全门，用手动提锤装置提起导轨滑杆及重锤，用安全操纵杆将击实压头锁住。

⑥ 按规范要求将拌和好的沥青混合料放入试模内，将试模推入钢板击实台的试模定位销内，锁紧试模。

⑦ 用手动提锤装置提起导轨滑杆及重锤。打开安全操作杆，放下击实压头，关上安全门，按下运行按钮击实开始，击实次数到时自动关机。

⑧ 计数器以正计数方式进行计数。

⑨ 正在进行击实工作需停机或机器发生故障时，可随时按下停止按钮。

⑩ 应定期检查链条的张紧度，如果其挠度大于 10mm 就应进行调整。

警告：仪器做击实实验时，切勿将手伸到击实区域，防止发生意外！

2.10.6 使用注意事项

① 不得使用与本机不符的电源。

② 在没有装混合料时，不得启动击实仪。

③ 应定期对链条、重锤滑动部分进行润滑。

④ 每次击实结束后，应立即对试模、击实压头、钢板击实台进行清洗处理。

⑤ 应经常检查钢板击实台与混凝土底座的张紧度。

⑥ 若开机不工作时，应检查电源是否接通（包括检查 5mm×20mm、10A 的保险丝管是否完好，保险丝管在电源插座内下方，可抽出）。

⑦ 经常检查锤头定位销钉是否因振动而松动，如松动，应及时上紧，以保护锤头螺纹。

警告：仪器发生故障时应立即切断电源，请专业人员进行检修并排除故障后方可继续使用，防止发生意外！

2.11 自动车辙试验仪

2.11.1 用途和适用范围

SYD-0719C 系列自动车辙试验仪（图 2-12）适用标准为中华人民共和国交通行业标准 JTG E20—2011《公路工程沥青及沥青混合料试验规程》中的 T 0719—2011《沥青混合料车辙试验》。本仪器的技术指标、性能功能等均符合标准所规定的实验要求。

车辙仪主要用于沥青混合料的高温抗车辙能力的测定，也可用于沥青混合料配比设计的辅助性检验。

图 2-12 自动车辙试验仪

2.11.2 主要技术指标和参数

① 工作电源：AC380V（±7%）、50Hz，三相五线制。

② 试验轮的碾压速度：(42±1) 次/min（单程）。

③ 试验小车运动距离：(230±10) mm。

④ 试验轮的橡胶硬度：(78±2) HA（60℃，国际标准硬度）。

⑤ 试验轮与试模的接触压强：(0.7±0.05) MPa（60℃）。

⑥ 试件温度：(60±0.5)℃。

⑦ 温度测量精度：±0.1℃。

⑧ 位移测量范围：0～30mm。

⑨ 位移测量精度：±0.01mm

⑩ 恒温箱的控制范围：室温～80℃（可任意设定），控制精度±1℃。

⑪ 工作方式：浸水实验和非浸水实验。

⑫ 试模尺寸：300mm×300mm×50mm（标准）。

⑬ 温度测量通道数量：2 路。

⑭ 实验时间：60～240min。

⑮ 可同时做试件数量：3 个。

⑯ 试件养护数量：9 个。

⑰ 碾压运动方式：试验轮动。

⑱ 外形尺寸：2200mm×960mm×1680mm（长×宽×高）。

2.11.3 仪器使用说明

（1）实验前的准备

① 使用本仪器前应仔细阅读使用说明书。

② 仔细阅读中华人民共和国交通行业标准 JTG E20—2011《公路工程沥青及沥青混合料试验规程》的 T 0719—2011《沥青混合料车辙试验》，了解并熟悉标准所阐述的实验方法、实验步骤和实验要求。

③ 按标准所规定的要求，准备好实验用的各种实验器具、材料等。

④ 检查本仪器的工作状态，使其符合说明书所规定的工作环境和工作条件。

（2）实验基本操作流程

① 打开电控箱电源，指示灯变成绿色。

② 打开电脑，启动控制软件，进入工作界面。

③ 到系统设置界面设置实验类型，然后返回工作界面。

④ 开始控温，直到设定的温度。

⑤ 恒温箱内温度恒定后，装入试模并锁紧。

⑥ 上下调节位移传感器位置，使位移显示在 2～8mm 范围内，并锁紧位移传感器。

⑦ 如果试模已经经过充分养护，待温度再度稳定后启动实验开关，实验开始；如果试模没有经过充分养护，则需要在设备内养护，连续控温不低于 5h，才能开始实验。

⑧ 等实验自动结束后，到系统设置界面保存文件。

⑨ 实验报告打印输出。

2.11.4 注意事项

① 操作仪器时要确保支撑脚完全着地。

② 仪器外壳必须可靠接地，确保操作安全。

③ 用户在使用该仪器前须仔细阅读本使用说明书，严格按照使用说明书上的要求进行操作，以免造成仪器设备的损坏或人员伤害。

④ 在操作此仪器时要把使用说明书放在容易找到的地方。

⑤ 本使用说明书包含了使用此仪器时重要的安全说明、必要安全警告、重要的注意事项、基本参数设置、常见问题解答和完整的操作过程，必须仔细了解并遵守。

⑥ 每次工作前检查运转部件处是否有异物，应保持清洁。

⑦ 碾轮运行时，不要用手摸碾轮，小心刮碰、烫伤，造成人员伤害。

⑧ 如果为浸水实验，在开机前先给水槽注水，确定没有漏水、渗水的情况下才能加电操作。

⑨ 每次实验后应及时清理承载车和机器上散落的混合料渣屑。

⑩ 各轴承和活动部位应经常加注润滑油脂。

⑪ 排除仪器故障时，一定要切断供电电源。

2.11.5 常见故障分析和排除

影响实验的因素：

① 如果试模没有充分养护，会影响实验结果。

② 如果位移传感器固定螺丝松动，使位移传感器自身会移动，会影响结果。

③ 车辙仪四个地脚没调平，实验时整机晃动，会影响实验结果。

④ 设备没接地线，位移传感器信号受到干扰，会影响实验结果。

⑤ 实验温度没有达到设定温度就开始实验，会影响实验结果。

⑥ 试模成型时由于压力等原因，造成密度不匀，会影响实验结果。

3 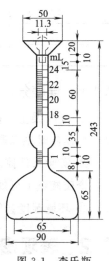材料基本物理性质实验

建筑材料基本物理性能实验项目较多，对于不同材料，测试的项目应根据用途及具体要求而定。

3.1 密度实验

材料的密度是指多孔固体材料在绝对密实状态下，单位体积的质量。

3.1.1 实验目的

密度是建筑材料的基本性质指标之一，通过测定它和表观密度，可以计算建筑材料的孔隙率，以评价其密实度。材料的强度、吸水率、抗冻性及耐蚀性都与孔隙率的大小及孔隙特征有关，砖瓦、石材、水泥等的密度都是它们的一项重要指标。

3.1.2 依据的规范标准

本实验依据《水泥密度测定方法》（GB/T 208—2014）。

3.1.3 主要仪器设备

① 李氏瓶：分度值 0.1mL，见图 3-1。

② 天平：称量 500g，感量 0.01g。

③ 温度计、恒温水槽、研体、筛子（孔径 0.25mm）、量筒、烘箱及干燥器等。

3.1.4 实验方法步骤

① 将试样过筛后放入烘箱内，在（105±5）℃的烘箱内烘干至恒重，烘干时间一般为 6～12h，然后在干燥器内冷却至室温备用。

② 在李氏瓶中注入与试样不起反应的液体，使液面达到 0.1～1.0mL 刻度值。

③ 将李氏瓶放在水温为（20±1）℃的恒温水槽中，使刻度部分完全浸入水中。待瓶中液体与恒温水槽的水温相同时，

图 3-1 李氏瓶
（单位：mm）

记录李氏瓶内液面的刻度值 V_1，精确至 0.05mL。

④ 用天平称取 60～90g 试样（精确至 0.01g），记为 m_1。用小勺和漏斗小心地将试样徐徐装入李氏瓶中，装至瓶内液面上升至接近 20mL 刻度值，转动李氏瓶，排除气泡。再将李氏瓶放在恒温水槽中，待瓶内液体温度与水温一致时，读取液面刻度值 V_2。

⑤ 称量剩余试样质量 m_2，计算装入李氏瓶中的质量 m，精确到 0.01g。

3.1.5 实验结果计算及处理

计算试样的密度 ρ，精确至 0.01g/cm^3。

$$\rho = \frac{m}{V} = \frac{m_1 - m_2}{V_2 - V_1} \tag{3.1}$$

式中　ρ——材料的密度，g/cm^3；

　　　m——装入李氏瓶中试样的质量，即两次称量值 m_1 与 m_2 之差，g；

　　　m_1——用天平称取 60～90g 试样的质量（精确至 0.01g），g；

　　　m_2——称量剩余试样质量，g；

　　　V——装入试样的绝对密实体积，即两次液面读数 V_1 与 V_2 之差，mL；

　　　V_1——李氏瓶内液体的初始读数，mL；

　　　V_2——李氏瓶内液体的第二次读数，mL。

以两次实验测量值的算术平均值作为实验结果。当两次测量值之差超过 0.02g/cm^3 时，应重新取样测定。实验记录到表 3-1 中。

表 3-1　实验记录

序号	李氏瓶刻度值 V_1/cm^3	李氏瓶刻度值 V_2/cm^3	绝对密实体积 $V=(V_1-V_2)/\text{cm}^3$	试样质量 $m=(m_1-m_2)/\text{g}$	密度 $\rho/(\text{g/m}^3)$	实验结果 $\overline{\rho}/(\text{g/m}^3)$
1						
2						

3.1.6 误差分析

① 读数误差。在李氏瓶读数时，仰视或俯视凹液面最低处的误差；天平读数、温度计读数时难以避免的误差。

② 实验条件控制的误差。包括李氏瓶的恒温，试样在漏斗中可能有一定的残留，李氏瓶壁上可能会附着气泡。

③ 环境湿度会使测试样本质量时难以保证绝对干燥。

3.2　表观密度实验

表观密度是指材料在自然状态下（包含孔隙在内）单位体积的质量，单位为

g/cm^3。

3.2.1 实验目的

利用表观密度可以估计材料的强度、吸水性、保温性，亦可以用来计算材料体积和质量。测出形状规则或不规则石料的体积（含孔隙）及其质量计算出表观密度。

3.2.2 依据的规范标准

本实验依据《建设用砂》（GB/T 14684—2011）进行测定。

3.2.3 主要仪器设备

① 游标卡尺：分度值 0.02mm。

② 天平：感量 0.01g。

③ 液体静力天平（用于测定外形不规则的材料）：感量 0.01g，见图 3-2。

④ 钢尺、锯石机、石蜡、烘箱及干燥器等。

3.2.4 实验方法步骤

将材料试件放入（105±5)℃的烘箱内烘干至恒重，并在干燥器内冷却至室温，用天平称取试样的质量 m。

（1）形状规则体实验（游标卡尺法）

用天平称出试件质量 m，精确至 0.01g。用游标卡尺量测试件尺寸。

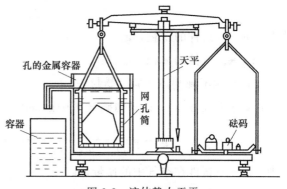

图 3-2　液体静力天平

若试件为立方体或长方体，则每边应在上、中、下三个位置分别量测，求其平均值，然后再按下式计算体积：

$$V_0 = \frac{a_1+a_2+a_3}{3} \times \frac{b_1+b_2+b_3}{3} \times \frac{c_1+c_2+c_3}{3}$$ (3.2)

式中，a_n、b_n、c_n（$n=1$，2，3）分别为试件的长、宽、高。

若试件为圆柱体，则在圆柱体上、下两个平行切面上及试件腰部，按两个互相垂直的方向量其直径，求 6 次量测的直径平均值 d，再在互相垂直的两直径与圆周交界的四点上量其高度，求 4 次量测的平均值 h，最后按下式求其体积：

$$V_0 = \frac{\pi d^2}{4} \times h$$ (3.3)

组织均匀的试件，其表观密度应为 3 个试件测得结果的平均值，组织不均匀的试件，应记录最大值与最小值。

（2）形状不规则体实验（蜡封法）

称出试件在空气中的质量 m，精确至 0.01g。将试件放入熔融的石蜡中，1～2s 后取出，使试件表面沾上一层蜡膜（膜厚不超过 1mm）。如蜡膜有气泡，应用烧热的细针将其刺破，然后用热针带蜡封住气泡口，以防水分渗入试件。称出蜡封试件在空气中的质量 m_1，精确至 0.01g。用液体静力天平称出蜡封试件在水中的质量 m_2，精确至 0.01g。

3.2.5 实验结果计算及处理

（1）形状规则体实验（游标卡尺法）

计算表观密度 ρ_0，精确至 0.01g/cm^3。

$$\rho_0 = \frac{m}{V_0} \tag{3.4}$$

式中　m——试件的质量，g；

　　　V_0——试件的体积，g/cm^3。

（2）形状不规则体实验（蜡封法）

计算表观密度 ρ_0，计算精确至 0.01g/cm^3。

$$\rho_0 = \frac{m}{[(m_1 - m_2)/\rho_{水}] - [(m_1 - m)/\rho_{蜡}]} \tag{3.5}$$

式中　m——试件在空气中的质量，g；

　　　m_1——蜡封试件在空气中的质量，g；

　　　m_2——蜡封试件在水中的质量，g；

　　　$\rho_{水}$——水的密度，一般取 1.0g/cm^3；

　　　$\rho_{蜡}$——石蜡的密度，一般取 0.93g/cm^3。

当试件结构、构造均匀时，以 3 个试件测量值的算术平均值作为实验结果；当试件结构、构造不均匀时，应以 5 个试件测量值的算术平均值作为实验结果，并注明最大值及最小值。实验数据及处理结果分别记录到表 3-2、表 3-3 和表 3-4 中。

表 3-2　实验记录（一）

长方体	测量次数	长/mm	宽/mm	高/mm	体积/cm³	试样质量/g	表观密度 ρ_0 /(g/cm³)
第一块	1						
	2						
	3						
	平均值						

长方体	测量次数	长/mm	宽/mm	高/mm	体积/cm^3	试样质量/g	表观密度 ρ_0 /(g/cm^3)
第二块	1						
	2						
	3						
	平均值						
第三块	1						
	2						
	3						
	平均值						

表 3-3　实验记录（二）

圆柱体	测量次数	直径/mm	高度/mm	体积/cm^3	试样质量/g	表观密度 ρ_0 /(g/cm^3)
第一块	1					
	2					
	3					
	4					
	5		—			
	6		—			
	平均值					
第二块	1					
	2					
	3					
	4					
	5		—			
	6		—			
	平均值					
第三块	1					
	2					
	3					
	4					
	5		—			
	6		—			
	平均值					

表 3-4　实验记录（三）

序号	试件在空气中的质量 m/g	蜡封试件在空气中质量 m_1/g	蜡封试件在水中的质量 m_2/g	水的密度 $\rho_水$ /(g/cm³)	石蜡的密度 $\rho_蜡$ /(g/cm³)	表观密度 ρ_0 /(g/cm³)	实验结果表观密度 ρ_0 /(g/cm³)
1							
2							
3				1.0	0.93		
4							
5							

3.3　堆积密度实验

堆积密度是指粉状或粒状材料在堆积状态下单位体积（包括颗粒内部的孔隙及颗粒间的空隙在内）的质量。

3.3.1　实验目的

测定细骨料、粗骨料在松散状态或振实状态下的堆积密度，可供混凝土配合比设计用，也可以用来估计运输工具数量或堆场面积等。根据骨料的堆积密度和表观密度还可以计算其空隙率。

3.3.2　依据的规范标准

本实验依据《建设用砂》（GB/T 14684—2011）、《建设用卵石、碎石》（GB/T 14685—2011）进行测定。

3.3.3　主要仪器设备

① 容量筒。

② 台秤：称量 10kg，感量 5g。

③ 烘箱：温度控制范围为（105±5）℃。

④ 天平、标准漏斗、垫棒、直尺、浅盘、毛刷等。

3.3.4　实验方法步骤

用搪瓷盘取试样，放在烘箱中于（105±5）℃下烘干至恒重，待冷却至室温后，分为大致相等的两份备用。

（1）松散堆积密度

称量标准容量筒的质量 m_1，将制备好的颗粒状试样装入标准漏斗中，打开漏斗的出料口，使试样徐徐落入容量筒，当筒口表面形成锥形时停止加料。然后，用直尺沿筒口中心线向两边刮平（不得振动），称出砂及容量筒的总质量 m_2。

（2）紧密堆积密度

称量标准容量筒的质量 m_1，将试样分两次装入容量筒。装完第一层后，在筒底垫放一根直径为 10mm 的圆钢垫棒，将筒按住，左右交替颠击地面各 25 次。然后装入第二层，第二层装满后用同样的方法颠实（但筒底所垫圆钢垫棒的方向与第一层的方向垂直），再加试样直至超过筒口，然后用直尺沿筒口中心线向两边刮平，称出试样和容量筒的总质量 m_2。

3.3.5 实验结果计算及处理

计算松散堆积密度或紧密堆积密度 ρ_0'，计算精确至 $10kg/m^3$。

$$\rho_0' = \frac{m_2 - m_1}{V_0'} \times 1000 \qquad (3.6)$$

式中　m_1——容量筒的质量，kg；

　　　m_2——试样和容量筒的总质量，kg；

　　　V_0'——容量筒的容积，L。

计算空隙率 P_0，计算精确至 1%。

$$P_0 = \left(1 - \frac{\rho_0'}{\rho_0 \times 1000}\right) \times 100\% \qquad (3.7)$$

式中　ρ_0'——试样的堆积密度，kg/m^3；

　　　ρ_0——试样的干表观密度，g/cm^3。

材料的表观体积是指包含内部孔隙的体积。当材料内部孔隙含水时，其质量和体积均将变化，故测定材料的表观密度时，应注意其含水情况。一般情况下，表观密度是指气干状态下的表观密度；而在烘干状态下的表观密度，称为干表观密度。

堆积密度取两次实验测量值的算术平均值作为实验结果，精确至 $10kg/m^3$。空隙率取两次实验结果的算术平均值，精确至 1%。测量数据及处理结果记录到表3-5 中。

容量筒容积的校正方法：将温度为 (20 ± 2)℃的饮用水装满容量筒，用一块玻璃板沿筒口滑移，使其紧贴水面。擦干筒外壁水分，称其质量，计算容量筒的容积。

$$V_0' = \frac{m_2' - m_1}{1000} \qquad (3.8)$$

式中　V_0'——容量筒的容积，L；

　　　m_1——容量筒的质量，g，精确至 1g；

　　　m_2'——水和容量筒的总质量，g，精确至 1g。

表 3-5　实验记录

序号	容量筒的质量 m_1 /kg	水和容量筒的总质量 m_2' /kg	容量筒的容积 V_0' /L	试样和容量筒的总质量 m_2 /kg	堆积密度 ρ_0' /(g/cm^3)	堆积密度实验结果 $\overline{\rho_0'}$ /(g/cm^3)	空隙率 P_0 /%	空隙率实验结果 $\overline{P_0}$ /%
1								
2								

3.4　吸水率实验

吸水率是材料吸水饱和时的吸水量与干燥材料的质量或体积之比。

3.4.1　实验目的

材料的体积吸水率通常小于孔隙率，因为水不能进入封闭的孔隙中，而且在较大的孔隙中，也只能润湿其周围。材料吸水率的大小对其堆积密度、强度、抗浆性的影响很大。

3.4.2　依据的规范标准

本实验依据《建设用砂》（GB/T 14684—2011）、《建设用卵石、碎石》（GB/T 14685—2011）进行测定。

3.4.3　主要仪器设备

① 容器。

② 天平：感量 0.01g。

③ 烘箱：温度控制范围为（105±5）℃。

④ 浅盘、毛刷等。

3.4.4　实验方法步骤

① 将石料试件加工成直径和高均为 50mm 的圆柱体或边长为 50mm 的立方体试件，如采用不规则试件，其边长不少于 40～60mm，每组试件至少 3 个，石质组织不均匀者，每组试件不少于 5 个，用毛刷将试件洗涤干净并编号。

② 将试件置于烘箱中，以（100±5）℃的温度烘干至恒重。在干燥器中冷却至室温后用天平称其质量 m_1，精确至 0.01g。

③ 将试件放在盛水容器中，在容器底部可放些垫条（如玻璃管或玻璃杆）使试件底面与盆底不致紧贴，使水能够自由进入。

④ 加水至试件高度的 1/4 处，以后每隔 2h 分别加水至高度的 1/2 处和 3/4 处，6h 后将水加至高出试件顶面 20mm 以上，并再放置 48h 让其自由吸水。这样

逐次加水能使试件孔隙中的空气逐渐溢出。

⑤ 取出试件，用湿纱布擦去表面水分，立即称其质量 m_2，精确至0.01g。

3.4.5 实验结果计算及处理

按下列公式计算石料吸水率，精确至0.01%。

$$\omega_x = \frac{m_2 - m_1}{m_1} \times 100\% \tag{3.9}$$

式中　ω_x——石料吸水率，%；

m_1——烘干至恒重时试件的质量，g；

m_2——吸水至恒重时试件的质量，g。

组织均匀的试件，取3个试件实验结果的平均值作为测定值；组织不均匀的，则取5个试件实验结果的平均值作为测定值。

4

集料实验

通过实验使学生掌握测定混凝土用集料的方法，熟悉有关规范，根据实验数据能够做出能否用其配制混凝土以及配制后对混凝土所能产生的技术、经济效果的判断，取得配制混凝土所需的集料实验数据。

（1）细集料的取样方法和数量

细集料的取样应按批进行，每批总量不宜超过 $400m^3$ 或 600t。

在料堆取样时，取样部位应均匀分布。取样前应将取样部位表层铲除，然后由各部位抽取大致相等的试样共 8 份，组成一组试样。进行各项实验的每组试样应不小于表 4-1 规定的最少取样量。

表 4-1　每项实验所需试样的最少取样量

实验项目	细集料 /g	粗集料/kg							
		集料最大粒径/mm							
		10.0	16.0	20.0	25.0	31.5	40.0	63.0	80.0
筛分析	4400	10	15	20	30	30	40	60	80
表观密度	2600	8	8	8	8	12	16	24	24
堆积密度	5000	40	40	40	40	80	80	120	120
含水率	1000	2	2	2	2	3	3	4	6
含泥量	4400	8	8	24	24	40	40	80	80
泥块含量	20000	8	8	24	24	40	40	80	80

实验时需按四分法分别缩取各项实验所需的数量，其步骤是：将每组试样在自然状态下于平板上拌匀，并堆成厚度约为 2cm 的圆饼，在饼上划两垂直直径，把饼分成大致相等的四份，取其对角的两份重新照上述四分法缩取，直至缩分后试样量略多于该项实验所需的量为止。试样缩分也可用分料器进行。

（2）粗集料的取样方法和数量

粗集料的取样也按批进行，每批总量不宜超过 $400m^3$ 或 600t。

在料堆取样时，应在料堆的顶部、中部和底部各均匀分布 5 个（共计 15 个）取样部位，取样前先将取样部位的表层铲除，然后由各部位抽取大致相等的试样共

15 份组成一组试样。进行各项实验的每组样品数量应不小于表 4-1 规定的最少取样量。

实验时需将每组试样分别缩分至各项实验所需的数量，其步骤是：将每组试样在自然状态下于平板上拌匀，并堆成锥体，然后按四分法缩取，直至缩分后试样量略多于该项实验所需的量为止。试样的缩分也可用分料器进行。

4.1 砂的筛分析实验

4.1.1 实验目的

测定砂在不同孔径筛上的筛余量，用于计算砂的细度模数，评定砂的颗粒级配。在搅拌混凝土时，砂的级配和粗细程度对节约水泥和获得均匀的混凝土有重要影响。

4.1.2 依据的规范标准

本实验根据《建设用砂》（GB/T 14684—2011）进行。

4.1.3 主要仪器设备

① 试验筛：孔径为 $150\mu m$、$300\mu m$、$600\mu m$、1.18mm、2.36mm、4.75mm、9.50mm 的方孔筛一套，并附有筛底和筛盖。

② 天平：称量 1kg，感量 1g。

③ 鼓风烘箱：能使温度控制在（105±5）℃。

④ 摇筛机、浅盘及毛刷等。

4.1.4 实验方法步骤

用于筛分析的试样，其颗粒粒径不应大于 9.50mm。在实验前应先将砂通过 9.50mm 筛，并计算筛余百分率。经缩分法取试样两份，每份不少于 550g，在（105±5）℃下烘至恒重，并在干燥器内冷却至室温备用。

① 准确称取烘干试样 500g，记为 m。将试样倒入按孔径大小从上到下组合的套筛（附筛底）上，将套筛置于摇筛机摇筛 10min（无摇筛机可采用手筛）。取下套筛，按筛孔大小顺序再逐个用手摇筛，筛至每分钟通过量小于试样总量的 0.1%（0.5g）。通过的试样放入下一号筛中，并和下一号筛中的试样一起过筛，按照顺序进行，直至各号筛全部筛完。

② 称出各号筛上的筛余量，试样在各号筛上的筛余量不得超过按下式计算出的量，精确至 1g。

$$m_r = \frac{A\sqrt{d}}{300} \tag{4.1}$$

47

式中 m_r——某一个筛上的筛余量，g；

    A——筛的面积，mm^2；

    d——筛孔尺寸，mm。

称取各筛筛余试样的质量（精确至 1g），所有各筛的分计筛余量和底盘中的剩余量之和与筛分前的试样总量相比，差值不超过 1%。

4.1.5 实验结果计算及处理

① 计算分计筛余百分率 a_1：各号筛的筛余量与试样总量之比，精确至 0.1%。

② 计算累计筛余百分率 A_1：该号筛的筛余百分率加上该号以上各筛的筛余百分率之和，精确至 0.1%。筛分后，如各筛筛余（包括筛底）的质量总和与原试样质量之差超过 1%，实验须重做。

③ 根据各筛的累计筛余百分率评定该砂样的颗粒级配分布情况。

④ 按照下式计算砂的细度模数 μ_f，精确至 0.01。

$$\mu_f = \frac{(A_2 + A_3 + A_4 + A_5 + A_6) - 5A_1}{100 - A_1} \tag{4.2}$$

式中，$A_1 \sim A_6$ 依次为筛孔直径 $0.15 \sim 4.75mm$ 筛上累计筛余百分率。

筛分析实验应采用两个试样进行平行实验，并以其实验结果的算术平均值作为测定值。如两次实验的细度模数之差超过 0.2，应重新进行实验。实验记录在表 4-2 中。

表 4-2 砂的筛分析实验记录

筛孔尺寸/mm	分计筛余/%	累计筛余/%	
4.75	a_1	$A_1 = a_1$	
2.36	a_2	$A_2 = a_1 + a_2$	
1.18	a_3	$A_3 = a_1 + a_2 + a_3$	
0.60	a_4	$A_4 = a_1 + a_2 + a_3 + a_4$	
0.30	a_5	$A_5 = a_1 + a_2 + a_3 + a_4 + a_5$	
0.15	a_6	$A_6 = a_1 + a_2 + a_3 + a_4 + a_5 + a_6$	
所处级配区		粗细程度	

4.2 砂的表观密度实验

砂的表观密度是指包括内部封闭孔隙在内的颗粒单位体积质量，以 $10kg/m^3$ 来表示。按颗粒含水状态的不同，有干表观密度与饱和面干表观密度之分。干表观密度是试样在完全干燥状态下测得的，饱和面干表观密度是在颗粒孔隙吸水饱和而外表干燥状态下测得的。

4.2.1 实验目的

测定砂的表观密度，作为评定砂的质量和混凝土配合比设计的依据。

4.2.2 依据的规范标准

本实验依据《建设用砂》（GB/T 14684—2011）进行测定。

4.2.3 主要仪器设备

① 天平：称量 1kg，感量 0.5g。

② 容量瓶：500mL。李氏瓶：250mL。

③ 饱和面干试模及捣棒。

④ 吹风机、烘箱、干燥器、温度计、浅盘、滴管及毛刷等。

4.2.4 实验方法步骤

（1）标准法

将缩分后不少于 650g 的样品装入浅盘，在温度为 (105±5)℃的烘箱中烘干至恒重，并在干燥器内冷却至室温。应按下列步骤进行：

① 称取烘干的试样 300g（m_0），装入盛有半瓶冷开水的容量瓶中。

② 摇转容量瓶，使试样在水中充分搅动以排除气泡，塞紧瓶塞，静置 24h；然后用滴管加水至瓶颈刻度线平齐，再塞紧瓶塞，擦干容量瓶外壁的水分，称其质量（m_1）。

③ 倒出容量瓶中的水和试样，将瓶的内外壁洗净，再向瓶内加入冷开水至瓶颈刻度线。塞紧瓶塞，擦干容量瓶外壁水分，称其质量（m_2）。

注：在砂的表观密度实验过程中应测量并控制水的温度，实验的各项称量可在 15～25℃的温度范围内进行。从试样加水静置的最后 2h 起直至实验结束，其温度相差不应超过 2℃。

（2）简易法

将样品缩分至不少于 120g，在 (105±5)℃的烘箱中烘干至恒重，并在干燥器中冷却至室温，分成大致相等的两份备用。实验应按下列步骤进行：

① 向李氏瓶中注入冷开水至一定刻度处，擦干瓶颈内部附着水，记录水的体积（V_1）。

② 称取烘干试样 50g（m_0），徐徐加入盛水的李氏瓶中。

③ 试样全部倒入瓶中后，用瓶内的水将黏附在瓶颈和瓶壁的试样洗入水中，摇转李氏瓶以排除气泡，静置约 24h 后，记录瓶中水面升高后的体积（V_2）。

注：在砂的表观密度实验过程中应测量并控制水的温度，允许在 15～25℃的

温度范围内进行体积测定，但两次体积测定（指 V_1 和 V_2）的温差不得大于 $2℃$。从试样加水静置的最后 2h 起，直至记录完瓶中水面高度时止，其相差温度不应超过 $2℃$。

4.2.5 实验结果计算及处理

表观密度（标准法）应按下式计算，计算精确至 $10kg/m^3$。

$$\rho_{as} = \left(\frac{m_0}{m_0 + m_2 - m_1} - \alpha_t \right) \times 1000 \qquad (4.3)$$

式中　ρ_{as}——表观密度，g/cm^3；

　　　m_1——瓶+试样+水总质量，g；

　　　m_2——瓶+水总质量，g；

　　　m_0——烘干试样质量，g；

　　　α_t——水温对砂的表观密度影响的修正系数，见表 4-3。

表 4-3　水温对砂的表观密度影响的修正系数

水温/℃	15	16	17	18	19	20	21	22	23	24	25
α_t	0.002	0.003	0.003	0.004	0.004	0.005	0.005	0.006	0.006	0.007	0.008

表观密度（简易法）应按下式计算，计算精确至 $10kg/m^3$。

$$\rho_{as} = \left(\frac{m_0}{V_2 - V_1} - \alpha_t \right) \times 1000 \qquad (4.4)$$

式中　ρ_{as}——表观密度，g/cm^3；

　　　m_0——试样的烘干质量，g；

　　　V_1——水的原有体积，mL；

　　　V_2——倒入试样后的水和试样的体积，mL；

　　　α_t——水温对砂的表观密度影响的修正系数，见表 4-3。

以两次测量值的算术平均值作为实验结果。如果两次测量值之差超过 $0.02g/cm^3$，实验必须重做。砂的表观密度实验数据记录与结果处理记录到表 4-4 中。

表 4-4　砂的表观密度实验数据记录与结果处理

序号	干试样质量 m_0/g	瓶+干试样+水 质量 m_1/g	瓶+水质量 m_2/g	$\rho_水$ /(g/m³)	α_t	ρ /(g/m³)	实验结果 $\bar{\rho}$/(g/m³)
1					1		
2							

4.3　砂的堆积密度实验

堆积密度是指散粒材料在堆积状态下，单位体积（包括颗粒中所含孔隙及颗粒间的孔隙在内）的质量。

4.3.1 实验目的

测定砂在松散状态或振实状态下的堆积密度，可供混凝土配合比设计用，也可以用来估计运输工具数量或堆场面积等。根据砂的堆积密度和表观密度还可以计算其空隙率。

4.3.2 依据的规范标准

本实验依据《建设用砂》（GB/T 14684—2011）进行测定。

4.3.3 主要仪器设备

① 标准漏斗，见图 4-1。

② 容量筒：1L。

③ 垫棒、天平、直尺、浅盘、毛刷等。

4.3.4 实验方法步骤

用浅盘取试样约 3L，放在烘箱中于（105±5）℃下烘干至恒重，待冷却至室温后，筛除大于 4.75mm 的颗粒，分为大致相等的两份备用，并称量容量筒质量（m_1）。

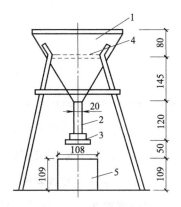

图 4-1 标准漏斗及容量筒
（单位：mm）

1—漏斗；2—ϕ20mm 管子；3—活动阀门；4—筛；5—金属量筒

（1）堆积密度

取试样一份，用漏斗或铝制勺，将它徐徐装入容量筒（漏斗出料口或料勺距容量筒筒口不应超过 50mm）直至试样装满并超出容量筒筒口。然后用直尺将多余的试样沿筒口中心线向两个相反方向刮平，称其质量（m_2）。

（2）紧密堆积密度

取试样一份，分两层装入容量筒。装完一层后，在筒底垫放一根直径为 10mm 的钢筋垫棒，将筒按住，左右交替颠击地面各 25 下，然后再装入第二层；第二层装满后用同样方法颠实（但筒底所垫钢筋的方向应与第一层放置方向垂直）；第二层装完并颠实后，加料直至试样超出容量筒筒口，然后用直尺将多余的试样沿筒口中心线向两个相反方向刮平，称其质量（m_2）。

4.3.5 实验结果计算及处理

① 计算堆积密度（ρ_{fs}）应按下式计算，精确至 10kg/m³。

$$\rho_{fs} = \frac{m_2 - m_1}{V} \times 1000 \tag{4.5}$$

式中 m_1——容量筒质量，kg；

　　　m_2——容量筒和试样总质量，kg；

　　　V——容量筒容积，L。

以两次测定结果的算术平均值作为测定值。

② 空隙率计算，精确至 1%。

$$\nu_L = \left(1 - \frac{\rho_L}{\rho}\right) \times 100\% \tag{4.6}$$

$$\nu_C = \left(1 - \frac{\rho_C}{\rho}\right) \times 100\% \tag{4.7}$$

式中 $\nu_L(\nu_C)$——空隙率，%；

　　　ρ_L——堆积密度，g/cm^3；

　　　ρ_C——紧密堆积密度，g/cm^3；

　　　ρ——表观密度，g/cm^3。

空隙率取两次实验结果的算术平均值，精确至 1%。上述测量结果及处理结果记录到表 4-5 中。

表 4-5　砂的堆积密度（紧密堆积密度）实验记录

序号	容量筒的质量 m_1/kg	试样和容量筒的质量 m_2/kg	容量筒的容积 V/L	堆积密度（紧密堆积密度）$\rho_L(\rho_C)$ /(g/cm^3)	ρ_{ts} /(g/cm^3)	空隙率 $\nu_L(\nu_C)$ /%	$\overline{\nu_L}(\overline{\nu_C})$ /%
1							
2							

4.4　砂的吸水率实验

吸水率是指试样在饱和面干状态时所含的水分，以质量分数来表示。

4.4.1　实验目的

测定砂的吸水率，评定其吸水性。同时对于室内以骨料饱和面干状态为基准设计的混凝土配合比，在施工现场配料时，吸水率可作为用水量及用砂量校正的依据。通过吸水率的测定，能够反映出材料吸水能力的大小，并间接反映出材料开口孔隙的多少。

4.4.2　依据的规范标准

本实验依据《建设用砂》（GB/T 14684—2011）进行测定。

4.4.3 主要仪器设备

① 天平：称量 1kg，感量 1g。

② 容量瓶：500mL。

③ 饱和面干试模及质量约 340g 的捣棒，见图 4-2。

④ 吹风机、烘箱、干燥器、温度计、搪瓷盘、滴管等。

4.4.4 实验方法步骤

（1）试样制备

饱和面干试样的制备，是将样品在潮湿状态下用四分法缩分至 1000g，拌匀后分成两份，分别装入浅盘或其他合适的容器中，注入清水，使水面高出试样表面 20mm 左右［水温控制在（20±5）℃］。用玻璃棒连续搅拌 5min，以排除气泡。静置 24h 以后，细心地倒去试样上的水，并用吸管吸去余水。再将试样在盘中摊开，用手提吹风机缓缓吹入暖风，并不断翻拌试样，使砂表面的水分在各部位均匀蒸发。然后将试

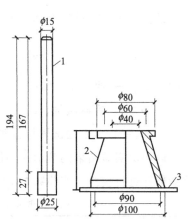

图 4-2 饱和面干试模及
其捣棒（单位：mm）

1—捣棒；2—试模；3—玻璃板

样松散地一次装满饱和面干试模中，捣 25 次（捣棒端面距试样表面不超过 10mm，任其自由落下），捣完后，留下的空隙不用再装满，从垂直方向徐徐提起试模。试样呈图 4-3（a）形状时，则说明砂中尚含有表面水，应继续按上述方法用暖风干燥，并按上述方法进行实验，直至试模提起后试样呈图 4-3（b）的形状为止。试模提起后，试样呈图 4-3（c）的形状时，则说明试样已干燥过分，此时应将试样洒水 5mL，充分拌匀，并静置于加盖容器中 30min 后，再按上述方法进行实验，直至试样达到图 4-3（b）的形状为止。

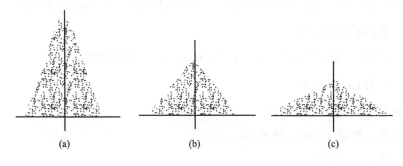

（a）　　　　　　　　　（b）　　　　　　　　　（c）

图 4-3 试样的塌陷情况

（2）实验步骤

取饱和面干试样500g，记为m_1。将试样放在（105±5）℃烘箱中烘干至恒重，内冷却至室温，称出其质量m_2。

4.4.5 实验结果计算及处理

计算吸水率，精确至0.1%。

$$\omega_{wa} = \frac{500-(m_2-m_1)}{m_2-m_1} \times 100\% \tag{4.8}$$

式中 ω_{wa}——吸水率，%；

m_1——容器质量，g；

m_2——烘干的试样与容器的总质量，g。

以两次实验结果的算术平均值作为测定值，当两次结果之差大于0.2%时，应重新取样进行实验。实验数据记录到表4-6中。

表4-6 砂的吸水率实验数据记录

序号	容器质量 m_1/g	烘干的试样与容器的 总质量m_2/g	吸水率ω_{wa} /%	吸水率测定值$\overline{\omega}_{wa}$ /%
1				
2				

4.5 砂的含水率实验

砂的含水率是砂样在温度（105±5）℃下烘至恒重时失去的水分质量与达到恒重后砂质量的比值，以质量分数来表示。

4.5.1 实验目的

测定砂的含水率，评定其含水性。在施工现场配料时，含水率可作为混凝土配比中用砂量的依据。通过含水率的测定，能够反映出材料含水能力的大小。

4.5.2 依据的规范标准

本实验依据《建设用砂》（GB/T 14684—2011）进行测定。

4.5.3 主要仪器设备

① 烘箱：温度控制范围为（105±5）℃。

② 天平：称量1000g，感量1g。

③ 容器：金属浅盘。

④ 电炉。

4.5.4 实验方法步骤

（1）标准法

由密封的样品中取 500g 的试样两份，分别放入已知质量的干燥容器（m_1）中称重，记下每盘试样与容器的总重（m_2）。将容器连同试样放入温度为（105±5）℃的烘箱中烘干至恒重，称量烘干后的试样与容器的总质量（m_3）。

（2）快速法

本方法适用于快速测定砂的含水率。对含泥量过大及有机杂质含量较多的砂不宜采用。

由密封样品中取 500g 试样放入干净的浅盘（m_1）中，称取试样与浅盘的总质量（m_2）。置浅盘于电炉（或火炉）上，用小铲不断地翻拌试样，到试样表面全部干燥后，切断电源（或移出火外），再继续翻拌 1min，稍予冷却（以免损坏天平）后，称干样与浅盘的总质量（m_3）。

4.5.5 实验结果计算及处理

砂的含水率（标准法、快速法）应按下式计算，精确至 0.1％。

$$\omega_{wc} = \frac{m_2 - m_3}{m_3 - m_1} \times 100\% \qquad (4.9)$$

式中　ω_{wc}——含水率，％；

　　m_1——容器质量，g；

　　m_2——未烘干的试样与容器的总质量，g；

　　m_3——烘干后的试样与容器的总质量，g。

以两次实验结果的算术平均值作为测定值。

4.6 砂的含泥量实验

4.6.1 实验目的

由于砂中的含泥量对砂浆的流动性、保水性、强度、变形及耐久性等有不同程度的影响，为保证砂浆质量，尤其在配置高强度砂浆时，应选用洁净的砂，因此对砂的含泥量应予以限制。

4.6.2 依据的规范标准

本实验依据《建设用砂》（GB/T 14684—2011）进行测定。

4.6.3 主要仪器设备

① 天平：称量 1kg，感量 1g。

② 烘箱：温度控制范围为（105±5）℃。

③ 试验筛：筛孔公称直径为 80μm 及 1.25mm 的方孔筛各一个。

④ 洗砂用的容器及烘干用的浅盘等。

⑤ 虹吸管：玻璃管的直径不大于 5mm，后接胶皮弯管。

⑥ 玻璃容器或其他容器：高度不小于 300mm，直径不小于 200mm。

4.6.4　实验方法步骤

（1）标准法

① 样品缩分至 1100g，置于温度为（105±5）℃的烘箱中烘干至恒重，冷却至室温后，称取各为 400g（m_0）的试样两份备用。

② 取烘干的试样一份置于容器中，并注入饮用水，使水面高出砂面约 150mm，充分拌匀后，浸泡 2h，然后用手在水中淘洗试样，使尘屑、淤泥和黏土与砂粒分离，并使之悬浮或溶于水中。缓缓地将浑浊液倒入公称直径为 1.25mm、80μm 的方孔套筛（1.25mm 筛放置于上面）上，滤去小于 80μm 的砂粒。实验前筛子的两面应先用水润湿，在整个实验过程中应避免砂粒丢失。

③ 再次加水于容器中，重复上述过程，直到筒内洗出的水清澈为止。

④ 用水淋洗留在筛上的砂粒，并将 80μm 筛放在水中（使水面略高出筛中砂粒的上表面）来回摇动，以充分洗除小于 80μm 的砂粒。然后将两只筛上剩余的砂粒和容器中已经洗净的试样一并装入浅盘，置于温度为（105±5）℃的烘箱中烘干至恒重。取出来冷却至室温后，称试样的质量（m_1）。

（2）虹吸管法

① 称取烘干的试样 500g（m_0），置于容器中，并注入饮用水，使水面高出砂面约 150mm，浸泡 2h，浸泡过程中每隔一段时间搅拌一次，确保尘屑、淤泥和黏土与砂分离。

② 用搅拌棒均匀搅拌 1min（单方向旋转），以适当宽度和高度的闸板闸水，使水停止旋转。经 20～25s 后取出闸板，然后，从上到下用虹吸管细心地将浑浊液吸出，虹吸管吸口的最低位置应距离砂面不小于 30mm。

③ 再倒入清水，重复上述过程，直到吸出的水与清水的颜色基本一致为止。

④ 最后将容器中的清水吸出，把洗净的试样倒入浅盘并在（105±5）℃的烘箱中烘干至恒重，取出，冷却至室温后称砂质量（m_1）。

4.6.5　实验结果计算及处理

砂的含泥量（标准法、虹吸管法）应按下式计算，精确至 0.1%。

$$\omega_c = \frac{m_0 - m_1}{m_0} \times 100\% \tag{4.10}$$

式中 w_c——砂中含泥量，%；

m_0——实验前烘干试样质量，g；

m_1——实验后烘干试样质量，g。

以两个试样实验结果的算术平均值作为测定值。两次结果之差大于 0.5%时，应重新取样进行实验。

4.7 碎石（卵石）的筛分析实验

4.7.1 实验目的

测定粗集料（碎石或卵石）的颗粒级配及粒级规格，作为混凝土配合比设计和一般使用的依据。

4.7.2 依据的规范标准

本实验根据《建设用卵石、碎石》（GB/T 14685—2011）进行测定。

4.7.3 主要仪器设备

① 试验筛：圆孔或方孔筛一套，并附有筛底和筛盖。

② 天平：称量 5kg，感量 5g。台秤：称量 20kg，感量 20g。

③ 鼓风烘箱：能使温度控制在（105±5）℃。

④ 浅盘及毛刷等。

4.7.4 实验方法步骤

试样制备应符合下列规定：实验前应将样品缩分至表 4-7 所规定的试样最少质量，并烘干或风干后备用。

表 4-7 筛分析所需试样的最少质量

公称直径/mm	10.0	16.0	20.0	25.0	31.5	40.0	63.0	80.0
试样最少质量/kg	2.0	3.2	4.0	5.0	6.3	8.0	12.6	16.0

① 按表 4-7 规定称取试样。

② 将试样按筛孔大小顺序过筛，当每只筛上的筛余层厚度大于试样的最大粒径值时，应将该筛上的筛余试样分成两份，再次进行筛分，直至各筛每分钟的通过量不超过试样总量的 0.1%。（当筛余试样的粒径比公称直径大 20mm 以上时，在筛分过程中允许用手拨动试样。）

③ 称取各筛筛余的质量，精确至试样总质量的 0.1%。所有各筛的分计筛余量和底盘中的剩余量之和与筛分前的试样总量相比，差值不超过 1%。

根据各筛的累计筛余百分率，评定该试样的颗粒级配分布情况。

4.7.5 实验结果计算及处理

① 计算分计筛余百分率 a_1：各号筛上的筛余量与试样总量之比，精确至 0.1%。

② 计算各号筛上的累计筛余百分率 A_1：该号筛及以上各筛的分计筛余百分率之和，精确至 0.1%。筛分后，若每号筛的筛余量与筛底的筛余量之和与原试件质量之差超过 1%，则实验必须重做。

③ 取两次实验测量值的算术平均值作为实验结果。

④ 根据各筛的累计筛余百分率，评定该试样的颗粒级配。

4.8 碎石（卵石）的表观密度实验

碎石（卵石）的表观密度是颗粒（包括内部封闭孔隙在内）单位体积的质量。

4.8.1 实验目的

碎石（卵石）的表观密度可以反映骨料的坚实、耐久程度，是一项评价骨料质量的技术指标。同时，它还可提供混凝土配合比设计使用。

4.8.2 依据的规范标准

本实验依据《建设用卵石、碎石》（GB/T 14685—2011）进行测定。

4.8.3 主要仪器设备

① 液体天平：称量 5kg，感量 5g，如图 4-4 所示。

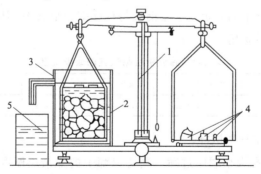

图 4-4 液体天平

1—天平；2—吊篮；3—带有溢流孔的金属容器；4—砝码；5—容器

② 吊篮：直径和高度均为 150mm，由孔径为 1~2mm 的筛网或钻有孔径为 2~3mm 孔洞的耐锈蚀金属板制成。

③ 盛水容器：有溢流孔。

④ 烘箱：温度控制范围为（105±5）℃。

⑤ 试验筛：筛孔公称直径为 5.00mm 的方孔筛一只。

⑥ 温度计：0~100℃。

⑦ 带盖容器、浅盘、刷子和毛巾等。

4.8.4 实验方法步骤

表 4-8　表观密度实验所需的试样最少质量

最大公称粒径/mm	10.0	16.0	20.0	25.0	31.5	40.0	63.0	80.0
试样最少质量/kg	2.0	2.0	2.0	2.0	3.0	4.0	6.0	6.0

（1）标准法

① 将试样缩分至略大于表 4-8 规定的质量，风干后筛除小于 5.00mm 的颗粒，洗刷干净后，分为大致相等的两份备用。

② 取试样一份装入吊篮，并浸入盛水的容器中，水面至少高出试样 50mm。

③ 浸水 24h 后，移放到称量用的盛水容器中，并用上下升降吊篮的方法排除气泡（试样不得露出水面）。吊篮每升降一次约为 1s，升降高度为 30~50mm。

④ 测定水温（此时吊篮应全浸在水中），用天平称取吊篮及试样在水中的质量（m_2）。称量时盛水容器中水面的高度由容器的溢流孔控制。

⑤ 提起吊篮，将试样置于浅盘中，放入（105±5）℃的烘箱中烘干至恒重；取出来放在带盖的容器中冷却至室温后，称重（m_0）。此处恒重是指相邻两次称量间隔时间不小于 3h 的情况下，其前后两次称量之差小于该项实验所要求的称量精度。

⑥ 称取吊篮在同样温度的水中的质量（m_1），称量时盛水容器的水面高度仍应由溢流口控制。实验的各项称重可以在 15~25℃ 的温度范围内进行，但从试样加水静置的最后 2h 起直至实验结束，其温度相差不应超过 2℃。

（2）简易法

① 实验前，筛除样品中公称粒径为 5.00mm 以下的颗粒，缩分至略大于表 4-8 所规定的量的两倍。洗刷干净后，分成两份备用。

② 将试样浸水饱和，然后装入广口瓶中。装试样时，广口瓶应倾斜放置，注入饮用水，用玻璃片覆盖瓶口，以上下左右摇晃的方法排除气泡。

③ 气泡排尽后，向瓶中添加饮用水直至水面凸出瓶口边缘。然后用玻璃片沿瓶口迅速滑行，使其紧贴瓶口水面。擦干瓶外水分后，称取试样、水、瓶和玻璃片总质量（m_1'）。

④ 将瓶中的试样倒入浅盘中，放在（105±5）℃的烘箱中烘至恒重，取出，放在带盖的容器中冷却至室温后称取质量（m_0）。

⑤ 将瓶洗净，重新注入饮用水，用玻璃片紧贴瓶口水面，擦干瓶外水分后称

取质量（m_2'）。实验时各项称重可以在 15～25℃ 的温度范围内进行，但从试样加水静置的最后 2h 起直至实验结束，其温度相差不应超过 2℃。

4.8.5 实验结果计算及处理

表观密度（标准法）应按下式计算，计算精确至 $10kg/m^3$。

$$\rho_{ag} = \left(\frac{m_0}{m_0 + m_1 - m_2} - \alpha_t \right) \times 1000 \qquad (4.11)$$

式中　ρ_{ag}——表观密度，g/cm^3；

　　　m_1——吊篮在水中的质量，g；

　　　m_2——吊篮及试样在水中的质量，g；

　　　m_0——烘干试样质量，g；

　　　α_t——水温对碎石或卵石表观密度的修正系数，见表 4-9。

表观密度（简易法）应按下式计算，计算精确至 $10kg/m^3$。

$$\rho_{ag} = \left(\frac{m_0}{m_0 + m_1' - m_2'} - \alpha_t \right) \times 1000 \qquad (4.12)$$

式中　ρ_{ag}——表观密度，g/cm^3；

　　　m_1'——试样、水、瓶和玻璃片的总质量，g；

　　　m_2'——水、瓶和玻璃片的总质量，g；

　　　m_0——烘干后试样质量，g；

　　　α_t——水温对碎石或卵石的表观密度的修正系数，见表 4-9。

表 4-9　不同水温下碎石或卵石的表观密度影响的修正系数

水温/℃	15	16	17	18	19	20	21	22	23	24	25
α_t	0.002	0.003	0.003	0.004	0.004	0.005	0.005	0.006	0.006	0.007	0.008

4.9 碎石（卵石）的堆积密度实验

4.9.1 实验目的

测定粗骨料在松散或振实状态下的堆积密度，可供混凝土配合比设计用，也可以用来估计运输工具数量或堆场面积等。根据骨料的堆积密度和表观密度还可以计算其空隙率。

4.9.2 依据的规范标准

本实验依据《建设用卵石、碎石》（GB/T 14685—2011）进行测定。

4.9.3 主要仪器设备

① 台秤：称量 10kg，感量 5g。

② 磅秤：称量 50kg 或 100kg，感量 50g。

③ 垫棒：直径 16mm、长 600mm 的圆钢。

④ 容量筒：规格要求见表 4-10。

表 4-10　容量筒的规格要求

碎石或卵石的最大公称粒径/mm	容量筒容积/L	容量筒规格/mm		筒壁厚度/mm
		内径	净高	
10.0,16.0,20.0,25.0	10	208	294	2
31.5,40.0	20	294	294	3
63.0,80.0	30	360	294	4

注：测定紧密堆积密度时，对最大公称粒径为 31.5mm、40.0mm 的骨料，可采用 10L 的容量筒，对最大公称粒径为 63.0mm、80.0mm 的骨料，可采用 20L 容量筒。

4.9.4　实验方法步骤

按表 4-1 的规定称取试样，放入浅盘，在（105±5）℃的烘箱中烘干，也可摊在清洁的地面上风干，拌匀后分成两份备用。

（1）堆积密度

取试样一份，置于平整干净的地板（或铁板）上，用平头铁锹铲起试样，使石子自由落入容量筒内。此时，从铁锹的齐口至容量筒上口的距离应保持为 50mm 左右。装满容量筒，除去凸出筒口表面的颗粒，并以合适的颗粒填入凹陷部分，使表面稍凸起部分和凹陷部分的体积大致相等，称取试样和容量筒总质量（m_2）。

（2）紧密堆积密度

取试样一份，分三层装入容量筒。装完一层后，在筒底垫放一根直径为 16mm 的圆钢，将筒按住并左右交替颠击地面各 25 下，然后装入第二层。第二层装满后，用同样方法颠实（但筒底所垫钢筋的方向应与第一层放置方向垂直），然后再装入第三层，如法颠实。待三层试样装填完毕后，加料直到试样超出容量筒筒口，用钢筋沿筒口边缘滚转，刮下高出筒口的颗粒，用合适的颗粒填平凹处，使表面稍凸起部分和凹陷部分的体积大致相等。称取试样和容量筒总质量（m_2）。

4.9.5　实验结果计算及处理

堆积密度和紧密堆积密度应按下式计算，精确至 $10kg/m^3$。

$$\rho_L(\rho_C) = \frac{m_2 - m_1}{V} \times 1000 \qquad (4.13)$$

式中　ρ_L（ρ_C）——堆积密度（紧密堆积密度），g/cm^3；

$\qquad\quad m_1$——容量筒质量，kg；

$\qquad\quad m_2$——容量筒和试样总质量，kg；

V——容量筒容积，L。

堆积密度取两次实验测量值的算术平均值作为实验结果，精确至 $10kg/m^3$。

$$\nu_L = \left(1 - \frac{\rho_L}{\rho}\right) \times 100\% \qquad (4.14)$$

$$\nu_C = \left(1 - \frac{\rho_C}{\rho}\right) \times 100\% \qquad (4.15)$$

式中　$\nu_L(\nu_C)$——空隙率，%；

　　　ρ_L——堆积密度，g/cm^3；

　　　ρ_C——紧密堆积密度，g/cm^3；

　　　ρ——表观密度，g/cm^3。

空隙率取两次实验结果的算术平均值，精确至1%。

4.10　碎石（卵石）的吸水率实验

粗骨料的吸水率是指试样在饱和面干状态时所含的水分，以质量分数来表示。

4.10.1　实验目的

测定粗骨料的吸水率，评定其吸水性。同时对于室内以骨料饱和面干状态为基准设计的混凝土配合比，在施工现场配料时，吸水率可作为用水量及粗骨料用量校正的依据。

4.10.2　依据的规范标准

本实验依据《建设用卵石、碎石》（GB/T 14685—2011）进行测定。

4.10.3　主要仪器设备

① 称：称量20kg，感量20g。

② 容量瓶：500mL。

③ 烘箱：温度控制范围为（105±5）℃。

④ 干燥器、温度计、浅盘、滴管及毛刷等。

4.10.4　实验方法步骤

实验前，筛除样品中公称粒径5.0mm以下的颗粒，然后缩分至两倍于表4-11所规定的质量，分成两份，用金属丝刷刷净后备用。

表4-11　吸水率实验所需的试样最少质量

最大公称粒径/mm	10.0	16.0	20.0	25.0	31.5	40.0	63.0	80.0
试样最少质量/kg	2	2	4	4	4	6	6	8

① 取试样一份置于盛水的容器中，使水面高出试样表面 5mm 左右，24h 后从水中取出试样，并用拧干的湿毛巾将颗粒表面的水分拭干，即成为饱和面干试样。然后，立即将实样放在浅盘中称取质量（m_2），在整个实验过程中，水温必须保持在（20±5）℃。

② 将饱和面干试样连同浅盘置于（105±5）℃的烘箱中烘干至恒重。然后取出，放入带盖的容器中冷却 0.5～1h，称取烘干试样与浅盘的总质量（m_1）；称取浅盘的质量（m_3）。

4.10.5 实验结果计算及处理

吸水率应按下式计算，精确至 0.01％。

$$\omega_{wa} = \frac{m_2 - m_1}{m_1 - m_3} \times 100\%$$ (4.16)

式中 ω_{wa}——吸水率，％；

$\quad m_1$——烘干后的试样与浅盘的总质量，g；

$\quad m_2$——烘干前饱和面干试样与浅盘的总质量，g；

$\quad m_3$——浅盘的质量，g。

以两次实验结果的算术平均值作为测定值。

4.11　碎石（卵石）的含水率实验

4.11.1　实验目的

测定碎石（卵石）的含水率，评定其含水性。在施工现场配料时，含水率可作为混凝土配比中用量的依据。通过含水率的测定，能够反映出材料含水能力的大小。

4.11.2　依据的规范标准

本实验依据《建设用卵石、碎石》（GB/T 14685—2011）进行测定。

4.11.3　主要仪器设备

① 烘箱：温度控制范围为（105±5）℃。

② 称：称量 20kg，感量 20g。

③ 浅盘。

4.11.4　实验方法步骤

① 按表 4-1 的要求称取试样，分成两份备用。

② 将试样置于干净的容器中，称取试样和容器的总质量（m_1），并在（105±

5)℃的烘箱中烘干至恒重。

③ 取出试样，冷却后称取试样与容器的总质量（m_2），并称取浅盘的质量（m_3）。

4.11.5　实验结果计算及处理

含水率应按下式计算，精确至 0.1%。

$$\omega_{wc} = \frac{m_2 - m_3}{m_3 - m_1} \times 100\% \qquad (4.17)$$

式中　ω_{wc}——含水率，%；

m_1——浅盘质量，g；

m_2——未烘干的试样与容器的总质量，g；

m_3——烘干后的试样与容器的总质量，g。

以两次实验结果的算术平均值作为测定值。

4.12　碎石（卵石）的含泥量实验

4.12.1　实验目的

由于碎石（卵石）的含泥量对混凝土的流动性、保水性、强度、变形及耐久性等有不同程度的影响，为保证混凝土的质量，尤其在配置高强度混凝土时，应选用洁净的碎石（卵石），因此对碎石（卵石）的含泥量应予以限制。

4.12.2　依据的规范标准

本试验依据《建设用卵石、碎石》（GB/T 14685—2011）进行测定。

4.12.3　主要仪器设备

① 称：称量 20kg，感量 20g。

② 烘箱：温度控制范围为（105±5）℃。

③ 试验筛：筛孔公称直径为 $80\mu m$ 及 1.25mm 的方孔筛各一个。

④ 浅盘等。

4.12.4　实验方法步骤

将样品缩分至表 4-12 所规定的量（注意防止细粉丢失），并置于温度为（105±5）℃的烘箱内烘干至恒重，冷却至室温后分成两份备用。

表 4-12　含泥量实验所需的试样最少质量

最大公称粒径/mm	10.0	16.0	20.0	25.0	31.5	40.0	63.0	80.0
试样最少质量/kg	2	2	6	6	10	10	20	20

① 称取试样一份（m_0）装入容器中摊平，并注入饮用水，使水面高出石子表面 150mm；浸泡 2h 后，用手在水中淘洗颗粒，使尘屑、淤泥和黏土与较粗颗粒分离，并使之悬浮或溶解于水中。缓缓地将浑浊液倒入公称直径为 1.25mm 及 80μm 的方孔套筛（1.25mm 筛放置上面）上，滤去小于 80μm 的颗粒。实验前筛子的两面应先用水湿润。在整个实验过程中应注意避免大于 80μm 的颗粒丢失。

② 再次加水于容器中，重复上述过程，直至洗出的水清澈为止。

③ 用水冲洗留在筛上的颗粒，并将公称直径为 80μm 的方孔筛放在水中（使水面略高出筛内颗粒）来回摇动，以充分洗除小于 80μm 的颗粒。然后将两只筛上剩余的颗粒和筒中已洗净的试样一并装入浅盘，置于温度为（105±5）℃的烘箱中烘干至恒重。取出冷却至室温后，称取试样的质量（m_1）。

4.12.5　实验结果计算及处理

碎石（卵石）中含泥量应按下式计算，精确至 0.1%。

$$\omega_c = \frac{m_0 - m_1}{m_0} \times 100\%$$ （4.18）

式中　ω_c——碎石（卵石）含泥量，%；

m_0——实验前烘干试样质量，g；

m_1——实验后烘干试样质量，g。

以两个试样实验结果的算术平均值作为测定值。两次结果之差大于 0.2% 时，应重新取样进行实验。

4.13　碎石（卵石）中泥块含量实验

4.13.1　实验目的

由于碎石（卵石）的泥块含量对混凝土的强度、变形及耐久性等有很大程度的影响，为保证混凝土质量，对碎石（卵石）的泥块含量应予以清除。

4.13.2　依据的规范标准

本试验依据《建设用卵石、碎石》（GB/T 14685—2011）进行测定。

4.13.3　主要仪器设备

① 称：称量 20kg，感量 20g。

② 烘箱：温度控制范围为（105±5）℃。

③ 试验筛：筛孔公称直径为 4.75mm 及 2.50mm 的方孔筛各一个。

④ 浅盘等。

4.13.4 实验方法步骤

将样品缩分至略大于表 4-8 所示的量，缩分时应防止所含黏土块被压碎。缩分后的试样在（105±5）℃烘箱内烘至恒重，冷却至室温后分成两份备用。

① 筛去公称粒径 4.75mm 以下颗粒，称取质量（m_1）。

② 将试样在容器中摊平，加入饮用水使水面高出试样表面，24h 后把水放出，用手碾压泥块，然后把试样放在公称直径为 2.50mm 的方孔筛上摇动淘洗，直至洗出的水清澈为止。

③ 将筛上的试样小心地从筛里取出，置于温度为（105±5）℃烘箱中烘干至恒重。取出冷却至室温后称取质量（m_2）。

4.13.5 实验结果计算及处理

碎石（卵石）中泥块含量应按下式计算，精确至 0.1%。

$$\omega_{c,L} = \frac{m_1 - m_2}{m_1} \times 100\%　\tag{4.19}$$

式中　$\omega_{c,L}$——泥块含量，%；

　　　m_1——公称直径 5mm 筛上筛余量，g；

　　　m_2——实验后烘干试样质量，g。

以两个试样实验结果的算术平均值作为测定值。

5 ▂▃▅▂▃

水泥实验

通过水泥实验检验水泥质量和测定水泥物理力学性质指标，为混凝土配合比设计提供原始数据，评定水泥质量。

取样方法、数量及要求：

水泥的取样应以同一水泥厂、同品种、同标号、同期到达的水泥为标准，不超过 400t 为一个取样单位（不足 100t 时也作为一个取样单位）进行取样。取样应有代表性，可连续取，也可从 20 个以上不同部位取等量样品，总量不少于 12kg。水泥试样应充分拌匀，通过 0.9mm 方孔筛，并记录筛余百分率，普通水泥 80μm 方孔筛筛余不得超过 10.0%。实验用水必须是洁净的淡水，水泥试样、标准砂、拌和水和试模等温度均应与实验室温度相同。

实验室温度应为（20±2）℃，相对湿度应大于 50%；养护箱温度为（20±1）℃，相对湿度应大于 90%。

5.1 水泥细度实验

5.1.1 实验目的

水泥细度直接影响水泥的凝结时间、强度、水化热等技术性质，因此测定水泥的细度是否达到规范要求，对工程具有重要意义。

5.1.2 依据的规范标准

本实验依据 GB/T 1345—2005《水泥细度检验方法　筛析法》和 GB/T 8074—2008《水泥比表面积测定方法　勃氏法》的规定进行测定。水泥细度的检测方法有：负压筛析法、水筛法、手工筛析法。水泥细度以 80μm 方孔筛上筛余物的质量分数表示，并以一次的测定值作为实验结果。如果有争议，以负压筛析法为准。

5.1.3 主要仪器设备

① 负压筛析仪：由筛座、负压筛、负压源及收尘器组成，其中筛座由转速为（30±2）r/min 的喷气嘴、负压表、控制板、微电机及壳体组成，如图 5-1 所示。

② 水筛：结构尺寸如图 5-2 所示。

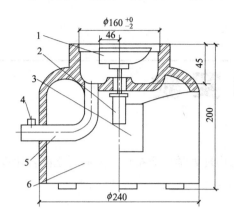 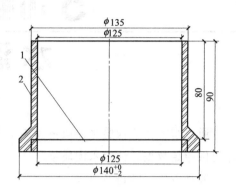

图 5-1　负压筛析仪示意图（单位：mm）
1—喷气嘴；2—微电机；3—控制板开口；
4—负压表接口；5—负压源及收尘器
接口；6—壳体

图 5-2　水筛（单位：mm）
1—筛网；2—筛框

③ 手工筛：结构尺寸符合《试验筛　技术要求和检验第 1 部分：金属丝编织网试验筛》(GB/T 6003.1—2012)，其中筛框高度为 50mm，筛子的直径为 150mm。

④ 试验筛：80μm 的方孔筛或 45μm 的方孔筛。

⑤ 天平：最小分度值不大于 0.01g。

5.1.4　实验方法步骤

（1）负压筛析法

① 筛析实验前，将负压筛放在筛座上，盖上筛盖，接通电源，检查控制系统，调节负压至 4000～6000Pa 范围内。

② 称出试样 25g，置于洁净的负压筛中，盖上筛盖，放在筛座上，开动筛析仪连续筛析 2min，筛析过程中如有试样附着在筛盖上，可轻轻敲击，使试样落下。

③ 筛毕，用天平称量筛余物（精确到 0.01g），计算筛余百分率，结果精确至 0.1%。

（2）水筛法

① 筛析实验前，应检查水中无泥、砂，调整好水压及水筛架的位置，使其能正常运转，并控制喷头底面和筛网之间距离为 35～70mm。

② 称取水泥试样（同负压筛析法的质量），精确至 0.01g，置于洁净的水筛中，立即用淡水冲洗至大部分细粉通过后，放在水筛架上，用水压为（0.05±0.02）

MPa 的喷头连续冲洗 3min。筛毕，用少量水把筛余物冲至蒸发皿中，等水泥颗粒全部沉淀后，小心倒出清水，烘干，并用天平称量全部筛余物。

（3）手工筛析法

① 称取水泥试样（同负压筛析法的质量），精确至 0.01g，倒入手工筛内。

② 用一只手持筛往复摇动，另一只手轻轻拍打，往复摇动和轻轻拍打过程应保持近于水平。拍打速度约 120 次/min，每 40 次向同一方向转动 60°，使试样均匀分布在筛网上，直至每分钟通过的试样量不超过 0.03g 为止，称量全部筛余物。

注意：试验筛必须经常保持洁净，筛孔通畅，使用 10 次后要进行清洗，金属框筛、铜丝网筛清洗时应用专门的清洗剂，不可用弱酸浸泡。

5.1.5 实验结果计算及处理

水泥试样筛余百分率按下式计算，精确至 0.1%。

$$F = \frac{R_S}{W} \times 100\% \qquad (5.1)$$

式中　F——水泥试样的筛余百分率，%；

　　　R_S——水泥筛余物的质量，g；

　　　W——水泥试样的质量，g。

合格评定时，每个样品应取 2 个试样分别筛析，取筛余平均值为筛析结果。若 2 次筛余结果绝对误差大于 0.5%（筛余值大于 5.0% 时可放宽至 1.0%），应再做一次实验，取 2 次相近结果的算数平均值，作为最终结果。实验数据记录到表 5-1 中。

表 5-1　水泥细度实验数据记录

序号	试样质量/g	筛余量/g	筛余百分率/%	备注
1				
2				

5.2　水泥标准稠度用水量实验

5.2.1　实验目的

水泥标准稠度用水量实验是为了确定水泥凝结时间与安定性实验所需用水量。水泥浆的稀稠对水泥的凝结时间、体积安定性等技术性质的实验结果影响很大。因此，为了便于对实验结果进行分析比较，必须在相同稠度，即标准稠度下实验。水泥标准稠度用水量以水泥浆达到标准稠度时的用水量占水泥用量的百分数表示。水泥标准稠度用水量的测定是水泥凝结时间、体积安定性测定的基础。

5.2.2　依据的规范标准

本实验依据 GB/T 1346—2011《水泥标准稠度用水量、凝结时间、安定性检验方法》进行测定。

5.2.3　主要仪器设备

① 水泥净浆搅拌机：NJ-160。

② 水泥标准稠度和凝结时间用维卡仪，见图 5-3。

③ 普通天平、量筒、刮刀、0.9mm 方孔筛。

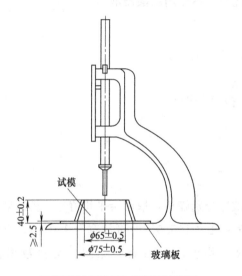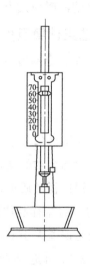

(a) 初凝时间测定用立式试模的侧视图　　　　(b) 终凝时间测定用反转试模的前视图

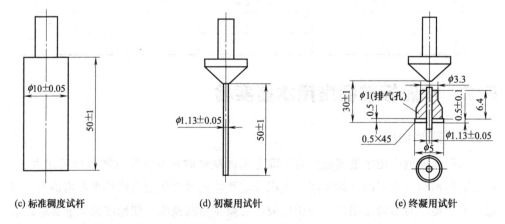

(c) 标准稠度试杆　　　　　　(d) 初凝用试针　　　　　　(e) 终凝用试针

图 5-3　测定水泥标准稠度和凝结时间用的维卡仪（单位：mm）

5.2.4 实验方法步骤

（1）标准法

① 实验前准备工作。检查维卡仪的金属棒是否能自由滑动，调整至试杆接触玻璃板时指针对准零点。

② 水泥净浆的拌制。用水泥净浆搅拌机搅拌，搅拌锅和搅拌叶片先用湿布擦过，将拌和水倒入搅拌锅内，然后在 5～10s 内小心将称好的 500g 水泥加入水中，防止水和水泥溅出；拌和时，先将锅放在搅拌机的锅座上，升至搅拌位置，启动搅拌机，低速搅拌 120s，停 15s，同时将叶片和锅壁上的水泥浆刮入锅中间，接着高速搅拌 120s 停机。

③ 标准稠度用水量的测定步骤：

a. 拌和结束后，立即将拌制好的水泥净浆装入已置于玻璃底板上的试模中，用小刀插捣，轻轻振动数次，刮去多余的净浆。

b. 抹平后迅速将试模和底板移到维卡仪上，并将其中心定在试杆下，降低试杆直至与水泥净浆表面接触，拧紧螺丝 1～2s 后，突然放松，使试杆垂直自由地沉入水泥净浆中。在试杆停止沉入或释放试杆 30s 时记录试杆距底板之间的距离，升起试杆后，立即擦净；整个操作应在搅拌后 1.5min 内完成。以试杆沉入净浆并距底板（6±1）mm 的水泥净浆为标准稠度净浆。

c. 其拌和水量为该水泥的标准稠度用水量 P，按水泥质量分数计。

（2）代用法

采用代用法测定水泥标准稠度用水量可用调整水量和不变水量两种方法中的任一种测定。水泥试样质量均为 500g，采用调整水量方法时拌和用水量按经验找水，采用不变水量方法时拌和用水量为 142.5mL。以试锥下沉深度（28±2）mm 时的净浆为标准稠度。

① 实验前准备工作。检查维卡仪的金属棒是否能自由滑动，调整至试锥接触锥模顶面时指针对准零点。

② 水泥净浆的拌制。同标准法的拌制。

③ 标准稠度用水量的测定步骤：

a. 拌和结束后，立即将拌制好的水泥净浆装入锥模中，用宽约 25mm 的直边刀在浆体表面轻轻插捣 5 次，再轻振 5 次，刮去多余的净浆；抹平后迅速放到试锥下面固定的位置上，将试锥降至净浆表面，拧紧螺丝 1～2s 后突然放松，让试锥垂直自由地沉入水泥净浆中。到试锥停止下沉或释放试锥 30s 时记录试锥下沉深度。整个操作应在搅拌后 1.5min 内完成。

b. 用调整水量法测定时，其拌和用水量为该水泥的标准稠度用水量 P，按水泥质量分数计。如下沉深度超出范围，则需另称试样，调整水量，重新实验，直到（28±2）mm 为止。

c. 用不变水量方法测量时，根据式（5.2）（或仪器上对应标尺）计算出标准稠度用水量 P。当试锥下沉深度小于 13mm 时，应改用调整水量法测定。

5.2.5 实验结果计算及处理

标准稠度水泥用量　　　　$M=500 \times P$

标准稠度用水量　　　　　$P=33.4-0.185S$　　　　　　　　　　（5.2）

式中　M——标准稠度水泥用量，g；

　　　P——标准稠度用水量，%；

　　　S——试锥下沉深度，mm。

实验数据记录到表 5-2 中。

表 5-2　水泥标准稠度用水量实验记录

编号	试样质量/g	固定用水量/cm³	下沉深度/mm	标准稠度用水量/%

5.3　水泥净浆凝结时间测定

5.3.1　实验目的

确定水泥初凝时间和终凝时间作为评定水泥质量的依据。水泥初凝时间是指从加水开始到水泥净浆开始失去塑性所用的时间。水泥终凝时间是指从加水开始到水泥净浆完全失去塑性所用的时间。水泥凝结时间的长短对施工方法和工程进度有很大的影响。

5.3.2　依据的规范标准

本实验依据 GB/T 1346—2011《水泥标准稠度用水量、凝结时间、安定性检验方法》进行。

5.3.3　主要仪器设备

① 水泥净浆搅拌机：NJ-160。

② 标准维卡仪：与测定水泥标准稠度用水量的维卡仪相同，试杆换成试针，试模采用圆模。

③ 量筒或滴定管：精度 ±0.5mL。

④ 天平：最大称量不小于 1kg，感量 1g。

5.3.4 实验方法步骤

（1）实验前准备

① 测定前，将圆模放在玻璃板上，调整测定仪试针接触玻璃板时，指针对准标尺顶处。

② 称取水泥试样500g，以标准稠度用水量（P），记录水泥全部加入水中的时间作为凝结时间的起始时间。按测定标准稠度时拌和净浆的方法制成净浆，立即一次装入圆模，振动数次后刮平，然后放入养护箱内。

（2）初凝时间的测定

① 试件在湿气养护箱中养护至加水后30min时进行第一次测定，临近初凝时，每隔5min测定一次，观察试针停止下沉时指针读数。

② 测定时，从湿气养护箱中取出试模放到试针下，降低试针与水泥净浆表面接触。拧紧螺丝1～2s后，突然放松，试针垂直自由地沉入水泥净浆。观察试针停止下沉或释放试针30s时指针的读数。

③ 当试针沉至距底板（4±1）mm时，水泥达到初凝状态。水泥全部加入水中至初凝状态的时间为水泥的初凝时间，用min表示。

（3）终凝时间的测定

① 为了准确观测试针沉入的状况，在终凝针上安装一个环形附件。在完成初凝时间测定后，立即将试模连同浆体以平移的方式从玻璃板取下，翻转180°，直径大端向上，小端向下放在玻璃板上，再放入湿气养护箱中继续养护。

② 临近终凝时间时每隔15min测定一次，当试针沉入试体0.5mm时，即环形附件开始不能在试体上留下痕迹时，水泥达到终凝状态，水泥全部加入水中至终凝状态的时间为水泥的终凝时间，用min表示。

注意：在最初测定的操作时应轻轻扶持金属棒，使其徐徐下降以防试针撞弯，但结果以自由下落为准；在整个测试过程中，试针贯入的位置至少要距圆模内壁10mm。达到初凝或终凝状态时应立即重复一次，当两次结论相同时才能定为到达初凝或终凝状态。

5.3.5 实验结果计算及处理

实验数据记录到表5-3中。

表5-3 水泥净浆初凝时间测定实验记录

加水时间/min	30	35	40	45	50	55	60	65	70
下降高度/mm									
加水时间/min	75	80	85	90	95	100	105	110	115
下降高度/mm									

搅拌水泥净浆时，水泥全部加入水中的起始时间：___时___分。

水泥净浆达初凝时的时间：___时___分；初凝时间：___min。

水泥净浆达终凝时的时间：___时___分；终凝时间：___min。

凝结时间：硅酸盐水泥初凝不得早于 45min，终凝不得迟于 6.5h；普通水泥初凝不得早于 45min，终凝不得迟于 10h。

5.4 水泥安定性的测定

5.4.1 实验目的

检验水泥硬化后体积变化是否均匀，是否因体积变化出现膨胀、裂缝或翘曲现象。安定性测定方法可以用饼法，也可以用雷氏法，有争议时以雷氏法为准。饼法是观察水泥净浆试饼沸煮后的外形变化来检验水泥的体积安定性。雷氏法是测定水泥净浆在雷氏夹中煮沸后的膨胀值。

5.4.2 依据的规范标准

本实验依据 GB/T 1346—2011《水泥标准稠度用水量、凝结时间、安定性检验方法》进行。

5.4.3 主要仪器设备

① 水泥净浆搅拌机：NJ-160。

② 煮沸箱、养护箱。

③ 雷氏夹、雷氏夹膨胀测定仪，分别见图 5-4、图 5-5。

④ 天平、量筒、刮刀、0.9mm 方孔筛等。

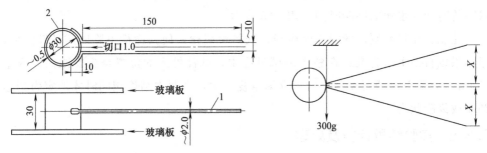

图 5-4 雷氏夹及其受力示意图（单位：mm）

1—指针；2—环模

5.4.4 实验方法步骤

（1）标准法

① 将预先准备好的雷氏夹放在已涂好脱模剂的玻璃板上，并立刻将制好的标

准稠度净浆装满环模，装模时一只手轻轻扶持环模，另一只手用宽约 10mm 的小刀插捣 15 次左右，然后抹平，盖上涂好脱模剂的玻璃板，接着立刻将环模移至湿汽养护箱内养护（24±2）h。

② 从养护箱内取出试件，脱去玻璃板。先测量试件指针尖端间的距离（A），精确至 0.5mm，接着将试件放入篦板上，指针朝上，试件之间互不交叉。煮沸时，调整好沸煮箱内水位，保证整个沸煮过程都没过试件，不需中途加水。然后在（30±5）min 内加热至沸腾并保持 3h±5min。

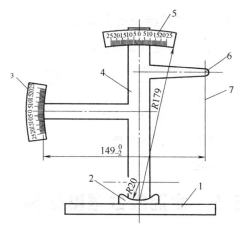

图 5-5　雷氏夹膨胀测定仪（单位：mm）
1—底座；2—模子座；3—测弹性标尺；4—立柱；
5—测膨胀值标尺；6—悬臂；7—悬丝

③ 煮沸结束，即放掉箱中的热水，打开箱盖，待箱体冷却至室温，取出试件进行判别。测量雷氏夹试件指针针尖间的距离（C），精确至 0.5mm，当两个试件煮后增加距离（C－A）的平均值不大于 5.0mm 时，即认为该水泥安定性合格，当两个试件煮后增加距离（C－A）值相差超过 5.0mm 时，应用同一样品立即重做一次实验。

（2）代用法

称取已通过 0.9mm 方孔筛的水泥试样 500g，量好标准稠度用水量（精确至 0.5mL），按测定标准稠度用水量的方法制成净浆。

① 从搅拌好的净浆中取出约 1/3，分成两等份，使其呈球形，放在涂好脱模剂的玻璃板上，轻轻振动玻璃板，使水泥浆扩展成试饼。

② 用湿抹布擦过的刮刀，从试饼的边缘向中心抹动，做成直径约 70～80mm、中心厚约 10mm、边缘渐薄、表面光滑的试饼，接着将试饼放入养护箱内，自成型时起养护（24±3）h。

③ 从玻璃板上取下试饼，先检查试饼是否完整，在试饼无缺陷的情况下将试饼放在煮沸箱内水中的篦板上，然后在（30±5）min 内加热至沸腾，并恒沸 3h±5min。在整个沸煮过程中，使水面高出试饼 30mm 以上。煮毕，将水放出，等箱内温度冷却至室温时，取出检查。

④ 结果判别：目测试饼未发现裂缝，用钢直尺检查也没有弯曲（使钢直尺和试饼底部紧靠，以两者间不透光为不弯曲）的试饼为安定性合格，反之为不合格。当两个试饼判别结果有矛盾时，该水泥的安定性为不合格。

5.4.5 实验结果计算及处理

（1）标准法（雷氏法）

雷氏夹膨胀值：_____ mm。

结论：_____。

（2）代用法（试饼法）

沸煮后目测试饼情况：_____。

结论：_____。

5.5 水泥胶砂强度检测

5.5.1 实验目的

测定水泥胶砂强度作为确定水泥强度等级的依据。水泥的强度会受到温度、龄期、加水量、试件尺寸、实验方法等许多因素的影响。为了使实验结果具有比较意义，国家规定了统一的胶砂强度检验方法，以规定龄期的抗压强度和抗折强度来确定标号。

5.5.2 依据的规范标准

本实验依据 GB/T 17671—1999《水泥胶砂强度检验方法（ISO 法）》进行测定。

5.5.3 主要仪器设备

① 水泥胶砂搅拌机：JJ-5 型。

② 水泥胶砂试体振实台：ZT96 型。

③ 微控水泥压力试验机：YAW300。

④ 水泥抗折试验机：KJZ-5000。

⑤ 烘干箱：LYH-XF-3B。

⑥ 天平、量筒、刮平刀、抗压夹具（40mm×40mm）、试模（40mm×40mm×160mm）。

5.5.4 实验方法步骤

（1）试件成型

准备实验模具，将试模擦净，四周模板与底座的接触面上应涂上脱模剂，紧密装配，防止漏浆，内壁均匀刷一薄层脱模剂。

（2）胶砂的制备

胶砂的质量配合比应为水泥：标准砂：水＝1：3：0.5（水灰比0.5），一锅胶砂成三条试件，每锅材料需要量如表 5-4 所示。

准确称量水泥、砂、水，称量用天平精确度为±1g。当用自动滴管加 225mL 水时，滴管的精确度应达到±1mL。

按以下的程序进行操作：把水加入锅里，再加入水泥，把锅放在固定架上，上升至固定位置；然后启动搅拌机，低速搅拌 30s 后，在第二个 30s 开始的同时均匀把砂加入到砂筒中，加完砂，高速再拌 30s；停拌 90s，在第一个 15s 内用刮刀将叶片和搅拌锅壁上的胶砂刮入锅中间；在高速下继续搅拌 60s。

表 5-4 材料用量表

水泥品种	水泥质量/g	标准砂质量/g	水量/mL
硅酸盐水泥	450±2	1350±5	225±1
普通硅酸盐水泥			
矿渣硅酸盐水泥			
粉煤灰硅酸盐水泥			
复合硅酸盐水泥			
石灰石硅酸盐水泥			

（3）试件成型

胶砂制备后立即进行成型。将试模固定在振实台上，将胶砂分两层装入试模，装第一层时，每个槽里放到试模高度的 1/2，用播料器沿每个模槽来回一次将料播平，启动振实台，振动 60 次。再装入第二层胶砂，稍微高出试模面，用播料器播平，再振实 60 次。从振实台上取下试模，用金属直尺沿试模长度方向以锯割动作慢慢向另一端移动，一次将超过试模部分的胶砂刮去，并用直尺以近似水平的情况将试体表面抹平，在试模上作标记。

（4）养护与脱模

将做好标记的试模放入养护室或养护箱的水平架子上养护，湿空气应能与试模各边接触。养护不应将试模放在其他试模上，养护箱内架板必须水平，养护 24h± 15min 后取出脱模。脱模前，用墨水对试件进行编号。脱模时应防止试件损伤，硬化较慢的水泥允许延期脱模，但须记录脱模时间。

脱模后试件应水平或垂直放入（20±1）℃水中养护，水平放置时刮平面应朝上，并彼此保持一定间距，使水与试件的六个面接触。养护期间试件之间间隔或试件上表面的水深不得小于 5cm。每个养护池只养护同类型的水泥试件，不允许在养护期间全部换水，养护水每周换一次。

（5）强度测定

① 抗折强度测定。当试件达到龄期时，进行抗折强度测定。测定前须擦去试

件表面水分和砂粒，消除夹具上圆柱表面粘着的杂物。采用杠杆式抗折试验机时，应先使杠杆成平衡状态后将试件一个侧面放在试验机支撑柱上，试体长轴垂直于支撑圆柱。调整夹具，使杠杆在试件折断时尽可能地接近平衡状态。通过加载圆柱以 (50±10) N/s 的速率均匀地将荷载垂直地加在棱柱体相对侧面上，直至折断。

② 抗压强度测定。抗折强度测定的两个断块应立即进行抗压强度测定。抗压强度测定须用抗压夹具进行。试件受压面积为 (40×40) mm^2，测定时试件的侧面作为受压面。且试件露在压板外的部分应约有 10mm。整个加荷过程中以 (2400±200) N/s 的速率均匀加荷直至破坏。

5.5.5 实验结果计算及处理

抗折强度按以下公式计算，精确至 0.1MPa。

$$R_f = \frac{3F_f L}{2bh^2} = 0.00234F_f \qquad (5.3)$$

式中　R_f——抗折强度，MPa；

　　　F_f——折断破坏荷载，N；

　　　L——支撑圆柱中心距，100mm；

　　　b——试件宽度，mm；

　　　h——试件高度，mm。

以一组三个试件测定值的算术平均值作为抗折强度的实验结果。当三个强度值中有超出平均值±10%时，应剔除后再取平均值作为抗折强度实验结果。

抗压强度按下式计算，精确至 0.1MPa。

$$R_c = \frac{F_c}{A} \qquad (5.4)$$

式中　R_c——抗压强度，MPa；

　　　F_c——破坏时的最大荷载，N；

　　　A——受压部分面积，1600mm^2。

以一组三个棱柱体上得到的六个抗压强度测定值的算术平均值作为抗压强度的实验结果。如六个测定值中有一个超出算术平均值的±10%时，应剔除这个结果，而剩下五个的平均数为实验结果。如五个测定值中再有超过它们平均数±10%的，则此组结果作废。

实验记录表如表 5-5 和表 5-6 所示。

水泥强度等级按规定龄期的抗压强度和抗折强度来划分，各强度等级水泥的各龄期强度不得低于表 5-7 中的数值。

表 5-5　水泥胶砂抗折实验记录

编号	试件尺寸/mm			抗折强度 /MPa	龄期/d	抗折强度结果值/MPa	备注
	宽	高	长				
1							
2	40	40	160				
3							

表 5-6　水泥胶砂抗压实验记录

编号	破坏荷重/N	抗压强度/MPa	抗压强度结果值 /MPa	龄期/d	受压面积 /mm²
1					
2					
3					
4					1600
5					
6					

表 5-7　水泥龄期强度等级标准

品种	强度等级	抗压强度/MPa		抗折强度/MPa	
		3d	28d	3d	28d
硅酸盐水泥	42.5	17.0	42.5	3.5	6.5
	42.5R	22.0	42.5	4.0	6.5
	52.5	23.0	52.5	4.0	7.0
	52.5R	27.0	52.5	5.0	7.0
	62.5	28.0	62.5	5.0	8.0
	62.5R	32.0	62.5	5.5	8.0
普通水泥	32.5	11.0	32.5	2.5	5.5
	32.5R	16.0	32.5	3.5	5.5
	42.5	16.0	42.5	3.5	6.5
	42.5R	21.0	42.5	3.5	6.5
	52.5	22.0	52.5	4.0	7.0
	52.5R	26.0	52.5	5.0	7.0

6

混凝土实验

6.1 混凝土配合比设计

6.1.1 实验目的

根据混凝土制作工艺和混凝土性能要求以及相关规范的规定，在确定配合比设计三大基本参数水灰比、单位用水量、砂率的基础上，初步计算求出 $1m^3$ 混凝土中各种原材料的最合理的用量，并能满足工程所要求的技术经济指标。

6.1.2 依据的规范标准

本设计计算依据《普通混凝土配合比设计规程》（JGJ 55—2011）进行。

6.1.3 普通混凝土配合比的基本要求

① 满足混凝土结构设计的强度等级。

② 满足施工所要求的混凝土拌合物的和易性。

③ 满足混凝土结构设计中耐久性要求指标（如抗冻等级、抗渗等级和抗侵蚀性等）。

④ 节约水泥和降低混凝土成本。

6.1.4 实验方法步骤

（1）初步配合比计算

按选用的原材料性能及对混凝土的技术要求进行初步配合比的计算，以便得出供试配用的配合比。

① 确定配制强度（$f_{cu,0}$）。为了使混凝土强度具有要求的保证率，则必须使其配制强度高于所设计的强度等级值。

$$f_{cu,0} = f_{cu,k} + 1.645\sigma \tag{6.1}$$

式中　$f_{cu,0}$——混凝土的配制强度，MPa；

　　　$f_{cu,k}$——设计的混凝土立方体抗压强度标准值，MPa；

　　　σ——混凝土强度标准差，MPa。

当施工单位不具有近期的同一品种混凝土强度资料时，其混凝土强度标准差可按表 6-1 取用。

表 6-1　普通混凝土强度标准差 σ 的选用值

混凝土强度等级	＜C20	C20～C35	＞C35
σ/MPa	4.0	5.0	6.0

② 确定水灰比（W/C）。根据已测定的水泥实际强度 f_{ce}（或选用的水泥强度等级）、粗骨料种类及所要求的混凝土配制强度 $f_{cu,0}$，按混凝土强度公式计算出所要求的水灰比值（适用于混凝土强度等级小于 C60 的）。

$$\frac{W}{C} = \frac{A f_{ce}}{f_{cu,0} + AB f_{ce}} \tag{6.2}$$

式中　W/C——水灰比；

A、B——回归系数，如表 6-2 所示；

f_{ce}——水泥强度等级，MPa。

表 6-2　回归系数 A、B 值

粗骨料种类	A	B
碎石	0.53	0.20
卵石	0.49	0.13

根据混凝土使用环境条件的耐久性要求，查出相应的最大水灰比，最后，在分别由强度和耐久性要求所得的两个水灰比中，选取最小者为所求的水灰比。

③ 单位混凝土的用水量（W_0）。用水量的多少，主要根据所要求的混凝土坍落度值及所用骨料的种类、规格来选择。所以应先考虑工程种类与施工条件，具体设计时，混凝土的单位用水量可按表 6-3 确定。

另外，单位用水量也可按下式大致估算。

$$W_0 = \frac{10}{3}(T + K) \tag{6.3}$$

式中　W_0——每立方米混凝土用水量，kg；

T——混凝土拌合物的坍落度，cm，可参考表 6-4 取用。

K——系数，取决于粗骨料种类与最大粒径，可参考表 6-5 取用。

表 6-3　普通混凝土的单位用水量　　　　　　　单位：kg/m³

坍落度/mm	卵石最大公称粒径/mm				碎石最大公称粒径/mm			
	10	20	31.5	40	16	20	31.5	40
10～30	190	170	160	150	200	185	175	165
35～50	200	180	170	160	210	195	185	175
55～70	210	190	180	170	220	205	195	185
75～90	215	195	185	175	230	215	205	195

表 6-4 混凝土浇筑时的坍落度

序号	结构种类	坍落度/mm
1	基础或地面等的垫层无配筋的大体积结构(挡土墙、基础等)或配筋稀疏的结构	10~30
2	板、梁和大型及中型截面的柱子等	30~50
3	配筋密列的结构(薄壁、斗仓、筒仓、细柱等)	50~70
4	配筋特密的结构	70~90

表 6-5 混凝土单位用水量计算公式中的 K

系数	碎石				卵石			
	最大粒径/mm							
	10	20	40	80	10	20	40	80
K	57.5	53.0	48.5	44.0	54.5	50.0	45.5	41.0

④ 计算混凝土的单位水泥用量（C_0）。根据已选定的每立方米混凝土用水量（W_0）和得出的灰水比（C/W）值，可求出水泥用量（C_0）。

$$C_0 = \frac{C}{W} \times W_0 \tag{6.4}$$

式中 W_0——每立方米混凝土用水量，kg。

为保证混凝土的耐久性，由上式计算得出的水泥用量还要满足表 6-6 中规定的

表 6-6 混凝土的最大水灰比和最小水泥用量

环境条件		结构物类别	最大水灰比			最小水泥用量/kg		
			素混凝土	钢筋混凝土	预应力混凝土	素混凝土	钢筋混凝土	预应力混凝土
干燥环境		正常的居住或办公用房屋内部件	无规定	0.65	0.60	200	260	300
潮湿环境	无冻害	高湿度的室内部件、室外部件,在非侵蚀性土或水中的部件	0.70	0.60	0.60	225	280	300
	有冻害	经受冻害的室外部件、在非侵蚀性土或水中且经受冻害的部件、高湿度且经受冻害的室内部件	0.55	0.55	0.55	250	280	300
有冻害和除冰剂的潮湿环境		经受冻害和除冰剂作用的室内和室外部件	0.50	0.50	0.50	300	300	300

最小水泥用量的要求。如算得的水泥用量少于规定的最小水泥用量，则应取规定的最小水泥用量值。

⑤ 确定砂率（S_P）。合理的砂率值主要应根据混凝土拌合物的坍落度、黏聚性及保水性等特征来确定。一般应通过实验找出合理砂率。如无使用经验，则可按骨料种类、规格及混凝土的水灰比参考表 6-7 选用合理砂率。坍落度小于 10mm 或大于 60mm 的混凝土砂率，可按坍落度每增大 20mm，砂率增大 1% 的幅度予以调整。

表 6-7　混凝土的砂率　　　　　单位：%

水灰比 (W/C)	卵石最大公称粒径/mm			碎石最大公称粒径/mm		
	10	20	40	16	20	40
0.40	26~32	25~31	24~30	30~35	29~34	27~32
0.50	30~35	29~34	28~33	33~38	32~37	30~35
0.60	33~38	32~37	31~36	36~41	35~40	33~38
0.70	36~41	35~40	34~39	39~44	38~43	36~41

⑥ 计算粗、细骨料的用量（G_0、S_0）。粗、细骨料的用量可用体积法或假定表观密度法求得。

体积法：假定混凝土拌合物的体积等于各组成材料绝对体积和混凝土拌合物中所含空气的体积之和。因此在计算每立方米混凝土拌合物的各材料用量时，可列出下式：

$$\frac{C_0}{\rho_C} + \frac{G_0}{\rho_{ag}} + \frac{S_0}{\rho_{as}} + \frac{W_0}{\rho_W} + 10\alpha = 1000L \tag{6.5}$$

又根据已知的砂率可列出下式：

$$\frac{S_0}{S_0 + G_0} \times 100\% = S_P\% \tag{6.6}$$

式中　C_0——每立方米混凝土水泥用量，kg；

　　　G_0——每立方米混凝土粗骨料用量，kg；

　　　S_0——每立方米混凝土细骨料用量，kg；

　　　W_0——每立方米混凝土用水量，kg；

　　　ρ_C——水泥密度，g/cm^3；

　　　ρ_{ag}——粗骨料近似密度，g/cm^3；

　　　ρ_{as}——细骨料近似密度，g/cm^3；

　　　ρ_W——水的密度，g/cm^3；

　　　α——混凝土含气量，%，在不使用引气型外加剂时，可取为 1；

S_P——砂率，%。

由以上两个关系式可求出粗、细骨料的用量。

假定表观密度法（质量法）：根据经验，如果原材料情况比较稳定，所配制的混凝土拌合物的表观密度将接近一个固定值，这就可先假设（即估计）一个混凝土拌合物表观密度 ρ_{oh}（kg/m³），因此可列出下式：

$$C_0 + G_0 + S_0 + W_0 = \rho_{oh} \tag{6.7}$$

同样根据已知砂率可列出下式：

$$\frac{S_0}{S_0 + G_0} \times 100\% = S_P\% \tag{6.8}$$

由以上两个关系式可求出粗、细骨料的用量。

在式（6.5）和式（6.7）中，ρ_C 取 2.9～3.1；$\rho_W = 1.0$；ρ_{ag} 及 ρ_{as} 应由实验测得；ρ_{oh} 可根据累积的实验资料确定，在无资料时可根据骨料的近似密度、粒径以及混凝土强度等级，在 2350～2450kg/m³ 的范围内选取，如表 6-8 所示。

表 6-8 普通混凝土拌合物表观密度选用表

混凝土等级	C7.5～C15	C20～C30	C35～C40	＞C40
ρ_{oh}/(kg/m³)	2300～2350	2350～2400	2400～2450	2450

通过以上六个步骤便可将水、水泥、砂和石子的用量全部求出，得到初步配合比，供试配用。

注：以上混凝土配合比计算公式和表格，均以干燥状态骨料为基准（干燥状态骨料系指含水率小于 0.5% 的细骨料或含水率小于 0.2% 的粗骨料）。如需以饱和面干骨料为基准进行计算时，则应作相应的修改。

（2）配合比的试配、调整与确定

① 配合比的试配

当混凝土配合比计算完后应进行试配，其目的是检验计算的混凝土配合比是否达到强度等级和施工条件的要求，如不符合，应进行试配。试配时应做到试配使用的原材料与工程中实际的材料相同，其搅拌方法宜与生产时使用的方法相同。试配的数量，应根据粗骨料最大粒径选定，粗骨料最大粒径≤31.5mm 时，拌合物数量不少于 15L；粗骨料最大粒径≥40mm 时，拌合物数量不少于 25L。采用机械搅拌时，其搅拌量不应小于搅拌机额定搅拌量的 1/4。所使用的粗细骨料应以干燥状态为基准。当以饱和面干骨料为基准进行计算时，则应作相应的修正。

② 配合比的调整

a. 和易性及坍落度调整。和易性及坍落度的调整可按计算出的试配材料用量，依照实验方法进行试拌，搅拌均匀后立即测定坍落度并观察黏聚性和保水性。如坍落度不符合设计要求时，可根据情况作如下调整：

当坍落度值比设计要求值小时，可在保持水灰比不变的情况下增加水泥浆量，普通混凝土每增加 10mm 坍落度，约需增 3％～5％的水泥浆量。

当坍落度值比设计要求值大时，可在保持砂率不变的情况下，同时按比例增加粗、细骨料的用量。

当坍落度值比设计要求值大，且拌合物黏聚性差时，保持砂、石总量不变的前提下，增加砂子用量，相应减少石子用量。

和易性和坍落度的调整，可按上述方法反复测试，直至符合要求为止。

b. 强度测试与调整。为了满足混凝土设计强度等级及耐久性要求，除进行坍落度调整外，还应进行强度测试与调整。

强度复核测定时，以按照本实验方法所调整得出的为基准配合比，另外两个配合比可按 0.05 水灰比增、减幅度，用水量与基准配合比相同，砂率可分别增、减 1％。当不同水灰比的混凝土拌合物坍落度与要求值相差超过允许偏差时，可以增、减用水量进行调整。将此三个配合比分别按试配用量拌制、成型，每种配合比应至少制作一组（三块）试块并标准养护，测定出其 28d 标准强度。然后按各自测定的 28d 标准强度与其灰水比的关系，用作图法或计算法求出与混凝土配制强度（$f_{cu,0}$）相对应的灰水比（其倒数为水灰比），由此再计算出每立方米混凝土中各种材料的用量。

③ 配合比的确定

由实验得出各灰水比值对应的混凝土强度，用作图法或计算法求出与 $f_{cu,0}$ 相对应的灰水比值。并按下列原则确定每立方米混凝土的材料用量：

用水量（W）：取基准配合比中的用水量值，并根据制作强度试块时测得的坍落度（或维勃稠度）值，加以适当调整；

水泥用量（C）：取用水量乘以经实验定出的、为达到 $f_{cu,0}$ 所必需的灰水比值；

粗、细骨料用量（G 及 S）：取基准配合比中的粗、细骨料用量，并按定出的水灰比值作适当调整。

（3）混凝土表观密度的校正

配合比经试配、调整确定后，还需根据实测的混凝土表观密度（$\rho_{oh实}$）作必要的校正，其步骤如下。

计算出混凝土的计算表观密度值（$\rho_{oh计}$）：

$$\rho_{oh计} = C + W + S + G_0 \tag{6.9}$$

将混凝土的实测表观密度值 $\rho_{\text{oh实}}$ 除以 $\rho_{\text{oh计}}$ 得出校正系数 δ，即：

$$\delta = \frac{\rho_{\text{oh实}}}{\rho_{\text{oh计}}} \tag{6.10}$$

当 $\rho_{\text{oh实}}$ 与 $\rho_{\text{oh计}}$ 之差的绝对值不超过 $\rho_{\text{oh计}}$ 的 2% 时，由以上定出的配合比，即为确定的设计配合比；若二者之差超过 2% 时，则须将已定出的混凝土配合比中每项材料用量均乘以校正系数 δ，即为最终定出的设计配合比。

另外，通常简易的做法是通过试压，选出既满足混凝土强度要求，水泥用量又较少的配合比为所需的配合比，再作混凝土表观密度的校正。

若对有特殊要求的混凝土，如抗渗等级不低于 P6 级的抗渗混凝土、抗冻等级不低于 F50 级的抗冻混凝土、高强混凝土、大体积混凝土等，其混凝土配合比设计应按《普通混凝土配合比设计规程》（JGJ 55—2011）有关规定进行。

6.2 普通混凝土拌和方法

6.2.1 实验目的

通过混凝土的试拌确定配合比，对混凝土拌合物性能进行实验，制作混凝土的各种试件。目的是进一步规范混凝土实验方法，提高混凝土实验精度和实验水平，并在检验或控制混凝土工程或预制混凝土构件的质量时，有一个统一的混凝土拌合物性能实验方法。

6.2.2 依据的规范标准

本实验依据《公路工程水泥及水泥混凝土试验规程》（JGJ 3420—2020）进行。

6.2.3 仪器设备

① 搅拌机：容量 75～100L，转速为 18～22r/min。

② 磅秤：称量 50kg，感量 50g。

③ 天平（称量 5kg，感量 1g）、量筒（200mL、10mL）。

④ 拌板（1.5m×2m 左右）、拌铲、盛器、抹布等。

6.2.4 拌和方法

（1）人工拌和

① 按所定配合比备料，以全干状态为准。

② 将拌板和拌铲用湿布润湿后，将砂倒在拌板上，然后加入水泥，用拌铲自拌板一端翻至另一端，如此重复，直至混合颜色均匀，再加上石料，翻拌至混合均匀为止。

③ 将干混合料堆成堆，在中间做一凹槽，将已称好的水先倒入一半在凹槽中，然后仔细翻拌，每翻拌一次，用铲在混合料上铲切一次，直至搅拌均匀。

④ 拌和时力求动作敏捷，拌和时间从加水时算起，应大致符合下列规定：

a. 拌合物体积为 30L 以下时 4～5min；

b. 拌合物体积为 30～50L 时 5～9min；

c. 拌合物体积为 51～76L 时 9～12min。

⑤ 拌好后，根据实验要求，立即做坍落度测定或试件成型。从开始加水时算起，全部操作须在 30min 内完成。

（2）机械搅拌

① 按所定配合比备料，以全干状态为准。

② 预拌一次，即按配合比的水泥、砂和水组成的砂浆及少量石子，在搅拌机中进行涮膛。然后倒出并刮去多余的砂浆，其目的是使水泥砂浆黏附满搅拌机的筒壁，以免正式拌和时影响拌合物的配合比。

③ 开动搅拌机，向搅拌机内依次加入石子、砂和水泥，干拌均匀，再将水徐徐加入。全部加料时间不超过 2min，水全部加入后，继续拌和 2min。

④ 将拌合物自搅拌机卸出，倾倒在拌板上，再经人工拌和 1～2min，即可做坍落度测定或试件成型。从开始加水时算起，全部操作必须在 30min 内完成。

6.3 普通混凝土拌合物性能实验（坍落度法）

6.3.1 实验目的及适用范围

测定混凝土坍落度，用以评定混凝土拌合物的流动性及和易性。本实验适用于坍落度值不小于 10mm，颗粒最大粒径不大于 40mm 的混凝土拌合物。测定时的拌合物约 15～25L。

6.3.2 仪器设备

① 标准坍落度筒：如图 6-1 所示。

② 捣棒、小铁铲、装料漏斗、钢尺、拌板、馒刀和取样勺等。

6.3.3 实验方法步骤

① 每次测定前，用湿布将拌板及坍落度筒内外擦净、润湿，并将筒顶部加上漏斗，放在拌板上，用双脚踩紧脚踏板，使其位置固定。

② 用取样勺将拌好的拌合物分三层均匀装入筒内，每层装入高度在插捣后大致应为筒高的 1/3，底层插捣应穿透整个深度。插捣其他两层时，应垂直插捣至下层表面为止。顶层装料时，应使拌合物高出筒顶。插捣过程中，如拌合物沉落到低

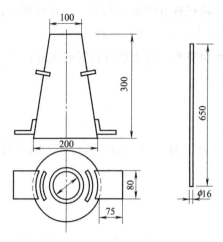

图 6-1 坍落度筒及捣棒（单位：mm）

于筒口，则应随时添加，以便自始至终保持高于筒顶，每装一层分别用捣棒插捣 25 次。沿螺旋线由边缘渐向中心插捣。插捣筒边混凝土时，捣棒应稍有倾斜，然后垂直插捣中心部分。

③ 装捣完毕即卸下漏斗，将多余的拌合物刮去，使其与筒顶面齐平，筒周围拌板上拌合物必须刮净、清除。

④ 将坍落度筒小心平稳地垂直向上提起，不得歪斜，提离过程约 5～10s 内完成，将筒放在拌合物试体一旁，量出坍落后拌合物试体最高点与筒高的距离（以 mm 为单位计，读数精确至 5mm），即为拌合物的坍落度。

⑤ 从开始装料到提起坍落度筒的整个过程应连续进行，并在 150s 内完成。

⑥ 坍落度筒提离后，如试件发生崩坍或一边剪坏现象，则应重新取样进行测定。第二次仍出现这种现象，则表示该拌合物和易性不好，应予记录备查。

⑦ 测定坍落度后，观察拌合物的下述性质，并记入记录。

黏聚性：用捣棒在已坍落的拌合物锥体侧面轻轻击打，如果锥体逐渐下沉，表示黏聚性良好；如果突然倒坍，部分崩裂或石子离析，即为黏聚性不好的表现。

保水性：提起坍落度筒后如有较多的稀浆从底部析出，锥体部分的拌合物也因失水而骨料外露，则表明保水性不好；如无这种现象，则表明保水性良好。

⑧ 坍落度的调整

a. 在按初步计算备好试拌材料的同时，另外还须备好两份为调整坍落度用的水泥浆，备用的水泥与水的比例应符合原定的水灰比，其质量可各为原来计算用量的 5%、10%。

b. 当测得拌合物的坍落度达不到要求，或黏聚性、保水性认为不满意时，可掺入 5% 或 10% 的水泥浆；当坍落度过大时，可酌情增加砂和石子，尽快拌和均匀，再做坍落度测定。

初步计算的配合比，经过和易性调整后，材料用量将有一定的改变，最后得出基准配合比。

6.3.4 实验结果计算及处理

实验结果记录到表 6-9 和表 6-10 中。

表 6-9　混凝土表观密度实验记录

序号	容量筒的容积 V_0/L	容量筒的质量 m_1/kg	试样和容量的总质量 m_2/kg	试样质量 (m_2-m_1)/kg	实测表观密度/(kg/m³)	
					单次测值	平均值

表 6-10　混凝土拌合物和易性实验（坍落度法）实验记录

<table>
<tr><td rowspan="8">拌合物</td><td colspan="2" rowspan="2">拌和量/L</td><td colspan="6">原材料用量/kg</td></tr>
<tr><td>水泥</td><td>水</td><td>砂</td><td>石子</td><td>掺合料</td><td>外加剂</td></tr>
<tr><td colspan="2"></td><td></td><td></td><td></td><td></td><td></td><td></td></tr>
<tr><td rowspan="5">和易性评定</td><td rowspan="2">实测坍落度/mm</td><td colspan="2">第一次测值</td><td colspan="2">第二次测值</td><td colspan="2">平均值</td></tr>
<tr><td colspan="2"></td><td colspan="2"></td><td colspan="2"></td></tr>
<tr><td>黏聚性评价</td><td colspan="6"></td></tr>
<tr><td>保水性评价</td><td colspan="6"></td></tr>
</table>

<table>
<tr><td rowspan="11">和易性调整</td><td rowspan="5">调整量/kg</td><td>调整次数</td><td>水泥</td><td>水</td><td>砂</td><td>石子</td><td>掺合料</td><td>外加剂</td></tr>
<tr><td>1</td><td></td><td></td><td></td><td></td><td></td><td></td></tr>
<tr><td>2</td><td></td><td></td><td></td><td></td><td></td><td></td></tr>
<tr><td>3</td><td></td><td></td><td></td><td></td><td></td><td></td></tr>
<tr><td colspan="2">调整后用量/kg</td><td></td><td></td><td></td><td></td><td></td></tr>
<tr><td rowspan="4">和易性评定</td><td rowspan="2">实测坍落度/mm</td><td colspan="2">第一次测值</td><td colspan="2">第二次测值</td><td colspan="2">平均值</td></tr>
<tr><td colspan="2"></td><td colspan="2"></td><td colspan="2"></td></tr>
<tr><td>黏聚性评价</td><td colspan="6"></td></tr>
<tr><td>保水性评价</td><td colspan="6"></td></tr>
<tr><td colspan="2">实测表观密度/(kg/m³)</td><td colspan="6"></td></tr>
</table>

基准配合比/(kg/m³)	水泥	水	砂	石子	掺合料	外加剂

6.4　普通混凝土拌合物性能实验（维勃稠度法）

6.4.1　实验目的及适用范围

　　测定混凝土拌合物的维勃稠度值用以评定混凝土拌合物的坍落度在 10mm 以内的混凝土。本实验适用于骨料最大粒径超过 40mm，维勃稠度在 5～30s 之间的混凝土拌合物稠度测定。

6.4.2　仪器设备

　　① 维勃稠度仪，如图 6-2 所示。

② 捣棒、小铲、秒表（精度 0.5s）。

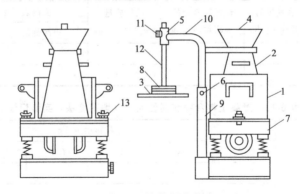

图 6-2　维勃稠度仪

1—容器；2—坍落度筒；3—透明圆盘；4—喂料斗；5—套筒；6—定位螺丝；

7—振动台；8—荷重；9—支柱；10—旋转架；11—测杆螺丝；

12—测杆；13—固定螺丝

6.4.3　实验方法步骤

① 把维勃稠度仪放置在坚实水平的基面上，用湿布把容器、坍落度筒、喂料斗内壁及其他用具擦湿。

② 将喂料斗提到坍落度筒的上方扣紧，校正容器位置，使其中心与喂料斗中心重合，然后拧紧螺丝。

③ 把混凝土拌合物经喂料斗分层装入坍落度筒。装料及插捣的方法同坍落度法中的规定。

④ 把圆盘、喂料斗都转离坍落度筒，小心并垂直地提起坍落度筒。此时应注意不使混凝土试体产生横向的扭动。

⑤ 把透明圆盘转到混凝土锥体顶面，放松螺丝，使圆盘轻轻落到混凝土顶面，此时应防止坍落的混凝土倒下与容器内壁相碰，如有需要可记录坍落度值。

⑥ 拧紧螺丝，并检查螺丝是否已经放松。同时开启振动台和秒表，在透明盘的底面被水泥浆所布满的瞬间停下秒表，并关闭振动台。

⑦ 记录秒表上时间，读数精确到 1s。由秒表读出的时间 S 表示所实验混凝土混合料的维勃稠度值。如维勃稠度值小于 5s 或大于 30s，则此种混凝土所具有的稠度已超出本仪器的适用范围。

6.4.4　实验结果

秒表所表示时间即为混凝土拌合物的维勃稠度值，精确到 1s。以两次实验结果的平均值作为混凝土拌合物的维勃稠度值。

6.5 普通混凝土抗压强度测定

6.5.1 实验目的

测定混凝土立方体抗压强度，作为混凝土质量的主要依据。

6.5.2 仪器设备

① 压力试验机或万能试验机。

② 混凝土试模、矿物油、橡皮锤、捣棒、镘刀等。

6.5.3 试件的成型和养护

（1）试件成型

① 混凝土强度实验以 3 个试件作为一组。

② 制作试件前，应检查试模是否符合规定要求，并在试模内表面涂刷一薄层矿物油或其他不与混凝土发生反应的脱模剂。

③ 混凝土制作成型方法应根据混凝土拌合物的稠度来确定。

a. 坍落度不大于 70mm 的混凝土，宜采用振实台振捣。此时将混凝土拌合物一次装满试模，装料时应用镘刀沿试模内壁插捣，并使混凝土拌合物高出试模口；然后将试模附着或固定在振动台上，振动时试模不得有任何跳动，振动应持续到表面出浆为止，不得过振。

b. 坍落度大于 70mm 的混凝土，宜采用捣棒人工捣实。此时混凝土拌合物应分两层装入模内，每层的装料厚度大致相等；用捣棒按螺旋方向从边缘向中心均匀进行插捣，在插捣底层混凝土时，捣棒应达到试模底部，插捣上层时，捣棒应贯穿上层后插入下层 20~30mm（插捣时捣棒应保持垂直，不得倾斜，每层插捣次数按每 100cm^2 不少于 12 次控制）。然后用镘刀沿试模内壁插拔数次。插捣后应用橡皮锤轻轻敲击试模四周，直至插捣棒留下的空洞消失。

④ 刮除试模上口多余的混凝土，待混凝土临近初凝时，用镘刀抹平。

（2）试件养护

① 试件成型后应立即用不透水的薄膜覆盖表面。

② 采用标准养护的试件，应在温度为（20±5）℃的环境中静置一昼夜至两昼夜，然后拆模、编号。拆模后应立即放入温度为（20±2）℃、相对湿度为 95％以上的标准养护室中养护，或在温度为（20±2）℃的不流动的 Ca(OH)$_2$ 饱和溶液中养护。标准养护室内的试件应放在支架上，彼此间隔 10~20mm，试件表面应保持潮湿，并不得被水直接冲淋。

③ 与构件同条件养护的试件，其成型后的拆模时间可与实际构件的拆模时间

相同,拆模后,试件仍需保持同条件养护。

抗压强度实验用的试件尺寸,应根据集料的最大颗粒直径按表 6-12 选择,制作试块大致所需的混凝土量见表 6-11。

表 6-11 试件尺寸、最大粒径、混凝土用量对照表

试件尺寸 /(mm×mm×mm)	允许集料最大粒径 /mm	每层插捣次数 /次	每组需混凝土量 /kg
100×100×100	30	12	9
150×150×150	40	25	30
200×200×200	60	50	65

6.5.4 试件的抗压强度测定

① 试件从养护地点取出后应及时进行实验,以免试件内部的温、湿度发生显著变化。

② 试件在试压前应先擦拭干净,测量尺寸,并检查其外观,试件尺寸测量精确至 1mm,并计算试件的承压面积。

③ 试件不得有明显缺损,把试件安放在试验机下压板中心。试件的承压面与成型时的顶面垂直。开动试验机,当上压板与试件接近时,调整球座,使接触均衡。

④ 以 0.3MPa/s~0.8MPa/s 的速度持续而均匀地加荷(低强度等级混凝土取较低的加荷速度,高强度等级混凝土取较高的加荷速度)。当试件接近破坏而开始迅速变形时,应停止调整试验机油门,直至试件破坏,然后记录破坏荷载。

6.5.5 实验结果计算及处理

混凝土立方体试件抗压强度按下式计算,精确至 0.1MPa。

$$f_c = \frac{P}{A} \tag{6.11}$$

式中　f_c——混凝土立方体试件抗压强度,MPa;

　　　P——破坏荷载,N;

　　　A——试件承压面积,mm^2。

以三个试件算术平均值作为该组试件的抗压强度值。三个试件中的最大值或最小值中,如有一个与中间值的差值超过中间值的 15%,则把最大及最小值一并舍除,取中间值作为该组试件的抗压强度值。如最大和最小值与中间值的差均超过中间值的 15%,则该组试件的实验结果无效。

取 150mm×150mm×150mm 试件抗压强度为标准值,用其他尺寸试件测得的强度值均应乘以尺寸换算系数(表 6-12)。实验数据记录到表 6-13 中。

表 6-12 强度值对应的尺寸换算系数

试件尺寸/(mm×mm×mm)	换算系数/mm
100×100×100	0.95
150×150×150	1.00
200×200×200	1.05

表 6-13 普通混凝土抗压实验记录

实验日期：　　　　　龄期/d：　　　　　试件规格/(mm×mm×mm)：

试件编号	破坏荷载 F/N	抗压面积 A/mm²	尺寸换算系数	抗压强度/MPa	
				单块值	强度代表值
1					
2					
3					
实验结论					

6.6 普通混凝土劈裂抗拉强度测定

6.6.1 实验目的

混凝土的劈裂抗拉实验是在立方体试件的两个相对的表面素线上作用均匀分布的压力，使在荷载所作用的竖向平面内产生均匀分布的拉伸应力，当拉伸应力达到混凝土极限抗拉强度时，试件将被劈裂破坏，从而可以测出混凝土的劈裂抗拉强度。劈拉法测定的劈裂抗拉强度是结构设计中确定混凝土抗裂度的重要指标。

6.6.2 依据的规范标准

本实验依据《混凝土物理力学性能试验方法标准》（GB/T 50081—2019）进行。

6.6.3 主要仪器设备

① 压力试验机：装置示意图如图 6-3（a）所示。

② 垫块：半径为 75mm 的钢制弧形垫块，其长度与试件相同，如图 6-3（b）所示。

③ 垫条：宽度为 20mm，厚度为 3~4mm，长度不小于试件长度。

6.6.4 实验方法步骤

① 试件制作、养护等的要求同混凝土立方体抗压强度实验。

② 试件养护至规定龄期时，从养护室中取出后，用湿布覆盖，并尽快实验。

③ 将试件表面与上、下承压板面擦拭干净。

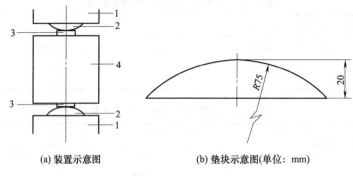

(a) 装置示意图   (b) 垫块示意图(单位：mm)

图 6-3　混凝土劈裂抗拉实验装置图

1—压力机上、下压板；2—垫块；3—垫条；4—试件

④ 将试件放在压力试验机下压板的中心位置，劈裂承压面和劈裂面应与试件成型时的顶面垂直；在上、下承压板与试件之间垫以圆弧形垫块及垫条各一个，垫块与垫条应与试件上下面中心线对准并与成型时的顶面垂直。

⑤ 开动压力试验机，当上承压板与圆弧形垫块接近时，调整球座，使接触均衡。实验过程中加荷应连续均匀地进行，速度控制为：当混凝土强度等级＜C30时，取 0.02MPa/s～0.05MPa/s；当混凝土强度等级≥C30 且＜C60 时，取 0.05MPa/s～0.08MPa/s；当混凝土强度等级≥C60 时，取 0.08MPa/s～0.10MPa/s。

⑥ 当试件接近破坏时，应停止调整压力试验机油门，直至试件破坏，记录破坏荷载。

6.6.5　实验结果计算及处理

混凝土立方体试件劈裂抗拉强度按下式计算，精确至 0.1MPa。

$$f_{ts}=\frac{2P}{\pi A}=0.637\times\frac{P}{A} \tag{6.12}$$

式中　f_{ts}——混凝土劈裂抗拉强度，MPa；

　　　P——破坏荷载，N；

　　　A——试件劈裂面积，mm^2。

以三个试件算术平均值作为该组试件的劈裂抗拉强度值。三个试件中的最大值或最小值中，如有一个与中间值的差值超过中间值的 15%，则把最大及最小值一并舍除，取中间值作为该组试件的劈裂抗拉强度值。如最大和最小值与中间值的差均超过中间值的 15%，则该组试件的实验结果无效。

采用边长为 150mm 的立方体试件作为标准试件，如采用边长为 100mm 的立方体非标准试件时，测得的强度应乘以尺寸换算系数 0.85。

实验数据记录到表 6-14 中。

表 6-14　普通混凝土劈裂抗拉实验记录

实验日期：			龄期/d：		试件规格/(mm×mm×mm)：	
试件编号	破坏荷载 F/N	劈裂面面积 A/mm²	尺寸换算系数	劈裂抗拉强度/MPa		
				单块值	劈裂抗拉强度代表值	
1						
2						
3						
实验结论						

6.7　普通混凝土抗折（抗弯拉）强度测定

6.7.1　实验目的

测定的抗折强度是结构设计中确定混凝土强度的一个重要指标。

6.7.2　依据的规范标准

本实验依据《混凝土物理力学性能试验方法标准》（GB/T 50081—2019）进行。

6.7.3　主要仪器设备

① 压力试验机。

② 抗折试验装置，如图 6-4 所示。

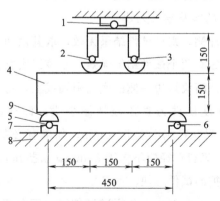

图 6-4　抗折试验装置图（单位：mm）

1,2,6——一个钢球；3,5——两个钢球；4——试件；7——活动支座；8——机台；9——活动船形垫块

6.7.4 实验方法步骤

① 实验前先检查试件，如试件中部 1/3 长度内有蜂窝，该试件应立即作废，否则应在记录中注明。

② 在试件中部量出其宽度和高度，精确至 1mm。

③ 调整两个活动支座，使其与试验机下压头中心距离为 225mm，并旋紧两支座。将试件放在支座上，试件成型时的侧面朝上，几何对中后，缓缓加一初始荷载（约 1kN），而后以 0.5MPa/s～0.7MPa/s 的加荷速度，均匀而连续地加荷（低强度等级时用较低速度）。当试件接近破坏而开始迅速变形，应停止调整试验机油门，直至试件破坏，记下最大荷载。

6.7.5 实验结果计算及处理

当断面发生在两个加荷点之间时，抗折强度按下式计算，精确至 0.1MPa。

$$f_f = \frac{FL}{bh^2} \tag{6.13}$$

式中　f_f——抗折强度，MPa；

　　　F——极限荷载，N；

　　　L——支座间距离，450mm；

　　　b——试件宽度，mm；

　　　h——试件高度，mm。

以三个试件的算术平均值作为该组试件的抗折强度值。三个测量值中的最大值或最小值中如有一个与中间值的差值超过中间值的 15%，则把最大值和最小值一并舍除，取中间值为该组试件的抗折强度。如两个测量值与中间值的差均超过中间值的 15%，则该组试件的实验结果无效。

如断面位于加荷点外侧，则该试件结果无效，取其余两个试件实验结果的算术平均值作为抗折强度；如有两个试件结果无效，则该组实验作废。

注：断面位置在试件断块短边一侧的底面中轴线上量得。

水泥混凝土抗折强度试件为直角棱柱体小梁，标准试件尺寸为 150mm×150mm×550mm，粗集料粒径应不大于 40mm；如确有必要，允许采用 100mm×100mm×400mm 试件，集料粒径应不大于 30mm。抗折试件应取同龄期者为一组，每组为同条件制作和养护的试件三块。

采用 100mm×100mm×400mm 非标准试件时，三分点加载的实验方法同前，但所取得的抗折强度应乘以尺寸换算系数 0.85。实验数据记录到表 6-15 中。

表 6-15　普通混凝土抗折实验记录

实验日期：　　　　　　　龄期/d：

试件规格：150mm×150mm×550mm 或 100mm×100mm×400mm

试件编号	破坏荷载 F/N	bh^2/mm^2	支座间距 L/mm	抗折强度/MPa	
				单块值	抗折强度代表值
1					
2			450		
3					
实验结论					

7
砂浆实验

7.1 砂浆的稠度实验

7.1.1 实验目的及适用范围

测定砂浆流动性，以确定配合比，在施工期间控制稠度以保证施工质量。适用于稠度小于 120mm 的砂浆。

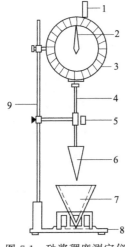

图 7-1 砂浆稠度测定仪

1—齿条测杆；2—摆针；

3—刻度盘；4—滑杆；

5—制动螺丝；6—试锥；

7—盛浆容器；8—底座；

9—支架

7.1.2 依据的规范标准

本实验依据《建筑砂浆基本性能试验方法标准》（JGJ/T 70—2009）进行。

7.1.3 主要仪器设备

① 稠度测定仪：如图 7-1 所示。

② 钢制捣棒、秒表和铁铲等。

7.1.4 砂浆的拌和方法

在实验室制备砂浆拌合物时，所用材料应提前 24h 运入室内。拌和时实验室的温度应保持在（20±5）℃，需要模拟施工条件下所用的砂浆时，所用原材料的温度宜与施工现场保持一致，实验所用原材料应与现场使用材料一致，砂应通过公称粒径 5mm 筛。

（1）人工拌和法

人工拌和在钢板上进行，将拌和钢板和拌和铲用湿布润湿后（但表面应无明水），把砂倒在拌和钢板上，然后加入水泥，用拌和铲从拌和钢板一端翻拌至另一端，如此重复，直至充分拌匀。

将混合均匀的干拌合物在拌合钢板上集拢成堆，并在中间做一凹槽，把已称好的石灰膏（或黏土膏）倒入凹槽中，再加入适量的水将石灰膏（或黏土膏）调稀。若为水泥砂浆，则将称好的水的一半倒入凹槽中，然后与水泥、砂混合物共同拌和，将剩余水逐次加入并继续拌和，直至拌合物色泽一致。水泥砂浆每翻拌一次，需用拌和铲将全部砂浆压切一次，拌和时间一般需 3～5min（从加水完毕时算起）。

（2）机械搅拌法

正式搅拌前，先拌适量砂浆（与正式拌和的砂浆配合比相同），使搅拌机内壁黏附一薄层水泥砂浆，以使正式拌和时的砂浆配合比成分准确。

先将称量好的砂、水泥装入搅拌机内。开动搅拌机，将水徐徐加入（若是混合砂浆，则需将石灰膏或黏土膏用水稀释至浆状随水加入），加完水后继续搅拌约3min。最后把砂浆拌合物倒在拌合钢板上，用拌和铲人工翻拌两次，使其均匀。

7.1.5　实验方法步骤

① 将容器置于固定在支架上的试锥下方。放松制动螺丝，使试锥的尖端和砂浆表面接触，拧紧制动螺丝，读出标尺读数。然后突然松开制动螺丝，使试锥自由沉入砂浆中，10s 后，读出下沉的距离（以 mm 计），即为砂浆的稠度值。

② 盛浆容器内的砂浆，只允许测定一次稠度，如测定的稠度值不符合要求，可酌情加水或胶凝材料重新拌和再测定，直至稠度符合要求为止。但应注意，从开始拌和加水时算起，重新拌和时间不能超过 30min，否则应重新配料测定。

7.1.6　实验结果处理

砂浆稠度实验结果以两次的算术平均值为测定值，计算精确至 1mm。两次测试值之差如大于 10mm，应另取砂浆搅拌后再重新测定。

注意事项：

① 往盛浆容器中装入砂浆试样前，一定要将砂浆翻拌均匀。

② 实验时应将刻度盘牢牢固定在相应位置，不得有松动，以免影响检测精度。

③ 砂浆从开始加水拌和到稠度测定完毕，必须在 30min 以内完成。

④ 砂浆试样不得重复使用，重新测定应重取新的试样。

⑤ 到工地检查砂浆稠度时，如砂浆稠度仪不便携带，可卸下试锥，在工地找其他容器装置砂浆做简易测定，用钢尺量测砂浆稠度，但应注意须垂直量测。

7.2　砂浆的表观密度实验

7.2.1　实验目的

本实验适用于测定砂浆拌合物捣实后的单位体积质量，以确定每立方米砂浆拌合物中各组成材料的实际用量。

7.2.2　依据的规范标准

本实验依据《建筑砂浆基本性能试验方法标准》（JGJ/T 70—2009）进行。

7.2.3 主要仪器设备

① 砂浆密度测定仪,其中的容量筒由金属制成,内径应为108mm,净高为109mm,容积应为1L。

② 天平:称量应为5kg,感量应为5g。

③ 钢制捣棒:直径为10mm,长度为350mm。

④ 振动台:振幅应为(0.5±0.05)mm,频率应为(50±3)Hz。

7.2.4 实验方法步骤

① 先用湿布擦净容量筒的内表面,再称量容量筒质量,精确至5g。

② 捣实可采用手工或机械方法。当砂浆稠度大于50mm时,宜采用人工插捣法,当砂浆稠度不大于50mm时,宜采用机械振动法。

采用人工插捣时,将砂浆拌合物一次装满容量筒,使稍有富余,用捣棒由边缘向中心均匀地插捣25次。当插捣过程中砂浆沉落到低于筒口时,应随时添加砂浆,再用木锤沿容器外壁敲击5～6下。

采用振动法时,将砂浆拌合物一次装满容量筒,连同漏斗在振动台上振10s。当振动过程中砂浆沉入到低于筒口时,应随时添加砂浆。

③ 捣实或振动后,应将筒口多余的砂浆拌合物刮去,使砂浆表面平整,然后将容量筒外壁擦净,称出砂浆与容量筒总质量,精确至5g。

7.2.5 实验结果计算及处理

砂浆的表观密度应按下式计算,精确至$10kg/m^3$。

$$\rho = \frac{m_2 - m_1}{V} \times 1000 \tag{7.1}$$

式中　ρ——砂浆拌合物的表观密度,kg/m^3;

m_1——容量筒质量,kg;

m_2——试样和容量筒质量,kg;

V——容量筒容积,L。

实验数据记录到表7-1中。

表7-1　砂浆表观密度实验记录

序号	容量筒的容积 V/L	容量筒的质量 m_1/kg	试样和容量筒的总质量 m_2/kg	试样质量 $(m_2 - m_1)$/kg	实测表观密度/(kg/m^3)	
					单次测值	平均值

7.3 砂浆的分层度实验

7.3.1 实验目的

分层度实验是测定砂浆拌合物在运输、停放、使用过程中的保水能力，即离析、泌水等内部成分的稳定性，是评定砂浆质量的重要指标。保水性不好的砂浆，对砌体质量及使用过程均产生不良影响。

7.3.2 依据的规范标准

本实验依据《建筑砂浆基本性能试验方法标准》（JGJ/T 70—2009）进行。

7.3.3 主要仪器设备

① 砂浆分层度筒：由金属制成。

② 水泥胶砂振动台。

③ 木锤。

④ 其他仪器同砂浆稠度实验。

7.3.4 实验方法步骤

（1）标准方法

① 将砂浆拌合物按砂浆稠度实验方法测定稠度。

② 将砂浆拌合物翻拌后一次装入分层度筒内，用木锤在分层度筒四周距离大致相等的 4 个不同地方轻击 1～2 次，如果砂浆沉落到分层度筒口以下，应随时添加砂浆，然后刮去多余的砂浆，并用抹刀抹平表面。

③ 静置 30min 后，去掉上节 200mm 砂浆，将剩余的 100mm 砂浆倒出来，在搅拌锅内拌 2min，再按稠度实验方法测定其稠度。前后两次稠度之差即为砂浆的分层度值（mm）。

（2）快速测定法

① 将砂浆拌合物按砂浆稠度实验方法测定稠度。

② 将分层度筒先固定在振动台上，砂浆一次装入分层度筒内，振动 20s。

③ 去掉上节 200mm 砂浆，剩 100mm 砂浆倒出来放在搅拌锅内拌 2min，再按稠度实验方法测定其稠度。前后两次稠度之差即为该砂浆的分层度值（mm）。

7.3.5 实验结果处理

① 取两次检测的算术平均值作为砂浆的分层度值。

② 若两次分层度实验值之差大于 10mm，应重做实验。

7.4 砂浆抗压强度实验

7.4.1 实验目的

测定砂浆的抗压强度，以确定、校核砂浆配合比，进而控制施工质量，确定砂浆是否到设计要求的强度等级，作为评定砂浆质量的主要指标。

7.4.2 依据的规范标准

本实验依据《砌体结构工程施工质量验收规范》(GB 50203—2011)、《建筑砂浆基本性能试验方法标准》(JGJ/T 70—2009)进行。

7.4.3 主要仪器设备

① 压力试验机。

② 试模、抹刀、砖、刷子等。

7.4.4 试件的成型和养护

(1) 试件成型

① 采用立方体试件，每组试件 3 个。

② 应用黄油等密封材料涂抹试模的外接缝，试模内涂刷薄层机油或脱模剂。

③ 将拌制好的砂浆拌合物一次性装满砂浆试模，成型方法根据稠度而定：

a. 当稠度＞50mm 时，采用人工插捣成型，即用捣棒均匀地由边缘向中心按螺旋方式均匀插捣 25 次，插捣过程中若砂浆沉落低于试模口，应随时添加砂浆，可用抹刀插捣数次，并用手将试模一边抬高 5～10mm 各振动 5 次，使砂浆高出试模顶面 6～8mm。

b. 当稠度≤50mm 时，采用振动台振实成型，即将拌和好的砂浆拌合物一次装满试模，放置到振动台上，振动时试模不得跳动，振动 5～10s 或持续到表面出浆为止，不得过振。

④ 待表面水分稍干后，将高出试模部分的砂浆沿试模顶面刮去并抹平。

(2) 试件养护

① 试件制作后，应在温度为 (20±5)℃环境中养护一昼夜，当气温较低时，适当延长时间，但不应超过两昼夜，然后对试件进行编号并拆模。

② 试件拆模后，应立即放入温度为 (20±2)℃、相对湿度为 90％以上的标准养护室中养护。

7.4.5 试件的抗压强度测定

① 将养护到一定龄期 (一般为 28d) 的砂浆试件从养护室内取出，用湿布覆

盖，并尽快实验。

　　② 实验前将试件表面擦拭干净，测量尺寸，并检查其外观，据此计算试件的承压面积，若实测尺寸与公称尺寸（70.7mm）之差不超过1mm，可按公称尺寸计算承压面积。

　　③ 将试件安放在试验机的下承压板（或下垫板）上，试件的承压面应与成型时的顶面垂直，试件中心应与试验机下承压板（或下垫板）中心对准。

　　④ 开动试验机，当上承压板与试件（或上垫板）接近时，调整球座，使接触面均衡受压。承压实验应连续而均匀地加载，加载速度应为0.25kN/s～1.5kN/s（当砂浆强度不大于5MPa时，宜取下限；当砂浆强度大于5MPa时，宜取上限），当试件接近破坏而开始迅速变形时，停止调整压力试验机油门，直至试件破坏，然后记录破坏荷载。

7.4.6　实验结果计算及处理

　　砂浆立方体的抗压强度按下式计算，精确至0.1MPa。

$$f_{m,cu} = \frac{N_u}{A} \tag{7.2}$$

式中　$f_{m,cu}$——抗压强度，MPa；

　　　　N_u——破坏荷载，N；

　　　　A——试件的受压面积，mm^2。

　　以三个试件的算术平均值作为该组试件的抗压强度值。三个测量值中的最大值或最小值中如有一个与中间值的差超过中间值的15%，则把最大及最小值一并舍除，取中间值作为该组试件的抗压强度值，如两个测量值与中间值相差均超过15%，则结果无效。

8

普通黏土砖实验

8.1 尺寸偏差测量与外观质量检查

8.1.1 实验目的

检测砖的尺寸和外观质量，从而判断砖的质量等级。

8.1.2 主要仪器设备

① 砖用卡尺：分度值 0.5mm，如图 8-1 所示。

② 钢直尺：分度值为 1mm。

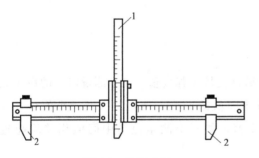

图 8-1 砖用卡尺

1—垂直尺；2—支脚

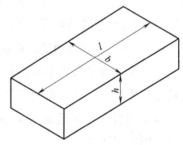

图 8-2 砖的尺寸量法

l—长度；b—宽度；h—高度

8.1.3 实验方法步骤

（1）尺寸测量

测定砖样的长度和宽度时，应在砖的两个大面的中间处分别检测两个尺寸；测定其高度时，应在砖的两个条面的中间处分别检测两个尺寸，如图 8-2 所示。当被测处有缺损或凸出时，可在其旁边检测，但应选择不利的一侧进行检测。

（2）外观质量检测

① 缺损。缺棱掉角在砖上造成的破损程度，以破损部分对长、宽、高 3 个棱边的投影尺寸来度量，称为破坏尺寸。缺损造成的破坏面，系指缺损部分对条、顶面（空心砖为条、大面）的投影面积。空心砖内壁残缺及肋残缺尺寸，以长度方向

的投影尺寸来度量。

② 裂纹。裂纹分为长度方向、宽度方向和水平方向 3 种，以被检测方向上的投影长度表示。如果裂纹从一个面延伸至其他面上时，则累计其延伸的投影长度，如图 8-3 所示。多孔砖的孔洞与裂纹相通时，则将孔洞包括在裂纹内一并检测，如图 8-4 所示。裂纹长度以在 3 个方向上分别测得的最长裂纹作为检测结果。

③ 弯曲。弯曲分别在大面和条面上检测，检测时将砖用卡尺的两个支脚沿棱边两端设置，择其弯曲最大处将垂直尺推至砖面，如图 8-5 所示。但不应将因杂质或碰伤造成的凹陷计算在内。以弯曲检测中测得的较大者作为检测结果。

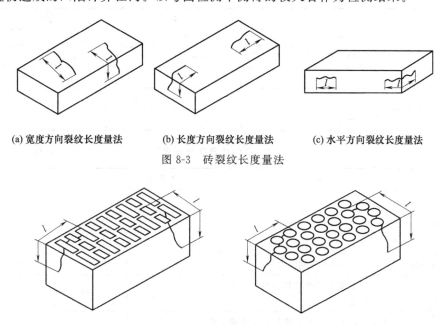

(a) 宽度方向裂纹长度量法　　(b) 长度方向裂纹长度量法　　(c) 水平方向裂纹长度量法

图 8-3　砖裂纹长度量法

图 8-4　多孔砖裂纹通过空洞时的尺寸

l—裂纹总长度

④ 砖杂质凸出高度量法。杂质在砖面上造成的凸出高度，以杂质离砖面的最大距离表示。检测时将砖用卡尺的两支脚置于杂质凸出部分两侧的砖平面上，以垂直尺检测，如图 8-6 所示。

⑤ 色差。装饰面朝上随机分成两排并列，在自然光下距离砖样 2m 处目测。

8.1.4　实验结果评定

① 尺寸检测结果分别以长度、宽度和高度的最大偏差值表示，不足 1mm 者按 1mm 计。

② 外观检测以 mm 为单位，不足 1mm 者按 1mm 计，烧结砖尺寸允许偏差和外观质量见表 8-1～表 8-6，通过比较，进而评价砖的质量等级。

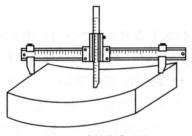
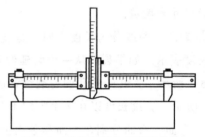

图 8-5　砖的弯曲量法　　　　　　　图 8-6　砖的杂质凸出高度量法

表 8-1　烧结普通砖尺寸允许偏差　　　　　　　单位：mm

公称尺寸	优等品		一等品		合格品	
	样本平均偏差	样本极差	样本平均偏差	样本极差	样本平均偏差	样本极差
240	±2.0	≤6	±2.5	≤7	±3.0	≤8
115	±1.5	≤5	±2.0	≤6	±2.5	≤7
53	±1.5	≤4	±1.6	≤5	±2.0	≤6

表 8-2　烧结普通砖外观质量　　　　　　　单位：mm

项　　目		优等品	一等品	合格品
两条面高度差		≤2	≤3	≤4
弯曲		≤2	≤3	≤4
杂质凸出高度		≤2	≤3	≤4
缺棱掉角的 3 个破坏尺寸（不得同时大于）		5	20	30
裂纹长度	大面上宽度方向及其延伸至条面上水平裂纹的长度	≤30	≤60	≤80
	大面上长度方向及其延伸至顶面或条面上水平裂纹的长度	≤50	≤80	≤100
完整面		不少于二条面和二顶面	不少于一条面和一顶面	—
颜色		基本一致	—	—

表 8-3　烧结多孔砖尺寸允许偏差　　　　　　　单位：mm

尺寸	优等品		一等品		合格品	
	样本平均偏差	样本极差	样本平均偏差	样本极差	样本平均偏差	样本极差
290、240	±2.0	≤6	±2.5	≤7	±3.0	≤8
190、180、175、140、115	±1.5	≤5	±2.0	≤6	±2.5	≤7
90	±1.5	≤4	±1.7	≤5	±2.0	≤6

表 8-4　烧结多孔砖外观质量　　　　　　　　　单位：mm

项　　目		优等品	一等品	合格品
缺棱掉角的 3 个破坏尺寸(不得同时大于)		15	20	30
裂纹长度	大面上深入孔壁 15mm 以上宽度方向及其延伸至条面的长度	≤60	≤80	≤100
	大面上深入孔壁 15mm 以上长度方向及其延伸至顶面的长度	≤60	≤100	≤100
	条面上的水平裂纹	≤80	≤100	≤120
杂质凸出高度		≤3	≤4	≤5
完整面		不少于一条面和一顶面	不少于一条面和一顶面	
颜色(一条面和一顶面)		一致	基本一致	

表 8-5　烧结空心砖尺寸允许偏差　　　　　　　　单位：mm

尺寸	优等品	一等品	合格品
＞200	±4	±5	±7
200～100	±3	±4	±5
＜100	±3	±4	±4

表 8-6　空心孔砖外观质量　　　　　　　　　　单位：mm

项　　目		优等品	一等品	合格品
弯曲		≤3	≤4	≤4
缺棱掉角的 3 个破坏尺寸(不得同时大于)		15	30	40
未贯穿裂纹长度	大面上宽度方向及其延伸至条面的长度	不允许	≤100	≤140
	大面上长度方向或条面上水平方向的长度	不允许	≤120	≤160
贯穿裂纹长度	大面上宽度方向及其延伸至条面的长度	不允许	≤60	≤80
	壁、肋沿长度方向、宽度方向及其水平方向的长度	不允许	≤60	≤80
肋、壁内残缺长度		不允许	≤60	≤80
完整面		不少于一条面和一大面	不少于一条面和一大面	
欠火砖和酥砖		不允许	不允许	不允许

8.2 砖的泛霜实验

8.2.1 实验目的

测定砖的泛霜程度，从而判断砖的质量等级。

8.2.2 依据的规范标准

按《砌墙砖试验方法》（GB/T 2542—2012）、《烧结普通砖》（GB/T 5101—2017）、《烧结多孔砖和多孔砌块》（GB 13544—2011）、《烧结空心砖和空心砌块》（GB 13545—2014）、《非烧结垃圾尾矿砖》（JC/T 422—2007）进行。

8.2.3 主要仪器设备

① 鼓风干燥箱。

② 耐腐蚀的浅盘 5 个，容水深度为 25～35mm。

③ 能盖住浅盘的透明材料 5 张，在其中间部分开有大于待测试样宽度、高度或长度 5～10mm 的矩形孔。

④ 干、湿球温度计或其他温、湿度计。

8.2.4 试样要求及实验方法步骤

待测试样为未经雨淋或浸水且近期生产的砖样，数量为 5 块。普通砖、多孔砖用整砖，空心砖用 1/2 块实验，可以用体积密度测定后的试样，在长度方向的中间处锯取。

① 将黏附在试样表面的粉尘刷掉并编号，然后放入 105～110℃的鼓风干燥箱中干燥 24h，取出冷却至常温。

② 将试样顶面或有孔洞的面朝上分别置于 5 个浅盘中，往浅盘中注入蒸馏水，水面高度不低于 20mm，用透明材料覆盖在浅盘上，并将试样暴露在外面，记录时间。

③ 试样浸在盘中的时间为 7d，开始 2d 内经常加水以保持盘内水面高度，以后则保持浸在水中即可。在整个实验过程中要求环境温度为 16～32℃，相对湿度为 30％～70％。

④ 7d 后取出试样，在同样的环境条件下放置 4d，然后在 105～110℃的鼓风干燥箱中连续干燥 24h，取出冷却至常温，记录干燥后的泛霜程度。

⑤ 7d 后开始记录泛霜情况，每天一次。

8.2.5 实验结果评定

① 泛霜程度根据记录以最严重者表示。

② 泛霜程度划分如下：

a. 无泛霜：试样表面几乎看不到盐析。

b. 轻微泛霜：试样表面出现了一层细小明显的霜膜，但试样表面仍清晰。

c. 中等泛霜：试样部分表面或棱角出现明显的霜层。

d. 严重泛霜：试样表面出现砖粉、掉屑和脱皮现象。

8.3 砖的冻融实验

8.3.1 实验目的

测定砖的冻融参数，指导实验人员按规程正确操作，确保实验结果科学、准确。

8.3.2 依据的规范标准

按《砌墙砖试验方法》（GB/T 2542—2012）、《烧结普通砖》（GB/T 5101—2017）、《烧结多孔砖和多孔砌块》（GB 13544—2011）、《烧结空心砖和空心砌块》（GB 13545—2014）、《非烧结垃圾尾矿砖》（JC/T 422—2007）进行。

8.3.3 取样方法

同一生产厂家、同一等级或同一标号，批量在 3.5 万块～15 万块为一个取样单位；不足 3.5 万块也按一批计。样品用随机抽样法从外观质量检测后的样品中抽取，冻融 5 块。

8.3.4 主要仪器设备

① 低温箱或冷冻室：放入试样后箱内温度可调到－20℃或－20℃以下。

② 水槽：保持槽中水温以 10～20℃为宜。

③ 台秤：分度值为 5g。

④ 鼓风干燥箱：最高温度为 200℃。

8.3.5 实验方法步骤

① 用毛刷清理表面，并按顺序进行编号。将试样放入鼓风干燥箱中，在 105～110℃下干燥至恒重（在干燥过程中，前后两次称量相差不超过 0.2%，前后两次称量时间间隔为 2h），称其质量 G，并检查其外观，将缺棱掉角和裂纹作标记。

② 将试样浸在 10～20℃的水中，24h 后取出，用湿布拭去表面水分，以大于 20mm 的间距大面侧向立放于预先降温至－15℃以下的低温箱中。

③ 当箱内温度再次降至－15℃时开始计时，在－20～－15℃下冰冻 3h，然后取出放入 10～20℃的水中融化，烧结砖不少于 3h，非烧结砖不少于 5h，如此为一

次冻融循环。

④ 每 5 次冻融循环，检查一次冻融过程中出现的破坏情况，如冻裂、缺棱、掉角、剥落。

⑤ 冻融过程中，如发现试样的冻坏超过外观规定时，应继续实验至 15 次冻融循环结束为止。

⑥ 15 次冻融循环后，检查并记录试样在冻融过程中冻裂长度、缺棱掉角和剥落等破坏情况。

⑦ 经 15 次冻融循环后的试样，放入鼓风干燥箱中，按规定干燥至恒量（前后两次称量相差不超过 0.2%，前后两次称量时间间隔为 2h），称其质量 G_1，烧结砖若未发现冻坏现象，可不进行干燥称量。

8.3.6 实验结果计算及处理

① 质量损失率按下式计算，精确至 0.1%。

$$G_m = \frac{G_0 - G_1}{G_0} \times 100\% \qquad (8.1)$$

式中 G_m ——质量损失率，%；

G_0 ——试样冻融前干质量，g；

G_1 ——试样冻融后干质量，g。

② 结果判定：每块砖样不允许出现裂纹、分层、缺棱、掉角等冻坏现象；质量损失率不得大于 2% 为合格品。

8.4 砖的吸水率与饱和系数实验

8.4.1 实验目的

检测砖吸水率及饱和系数参数，指导检测人员按规程正确操作，确保检测结果科学、准确。

8.4.2 依据的规范标准

按《砌墙砖试验方法》（GB/T 2542—2012）、《烧结普通砖》（GB/T 5101—2017）、《烧结多孔砖和多孔砌块》（GB 13544—2011）、《烧结空心砖和空心砌块》（GB 13545—2014）、《非烧结垃圾尾矿砖》（JC/T 422—2007）进行。

8.4.3 主要仪器设备

① 台秤：分度值为 5g。

② 鼓风干燥箱。

③ 其他仪器：蒸煮箱、水槽等。

8.4.4　实验方法步骤

① 取试样普通砖 5 块，清理试样表面，并注写编号，然后置于 105～110℃ 鼓风干燥箱中干燥至恒重，除去粉尘后，称其干质量为 G_0。

② 将干燥试样浸水 24h，水温为 −30～10℃。

③ 取出试样，用湿毛巾拭去表面水分，立即称量，称量时试样毛细孔渗出于秤盘中水的质量亦应计入吸水质量中，所得质量为浸泡 24h 的湿质量 G_{24}。

④ 将浸泡 24h 后的湿试样侧立放入蒸煮箱的算子板上，试样间距不得小于 10mm，注入清水，箱内水面应高于试样表面 50mm，加热至沸腾，沸煮 5h，停止加热，冷却至常温。

⑤ 称量试样干质量 G_0 和沸煮 5h 的湿质量 G_5。

8.4.5　实验结果计算及处理

① 常温水浸泡 24h 试样吸水率 ω_{24} 按下式计算，精确至 0.1%。

$$\omega_{24} = \frac{G_{24} - G_0}{G_0} \times 100\% \tag{8.2}$$

式中　ω_{24}——常温下水浸泡 24h 试样吸水率，%；

　　　G_0——试样干质量，g；

　　　G_{24}——试样浸水 24h 的湿质量，g。

② 试样沸煮 5h 吸水率 ω_5 按下式计算，精确至 0.1%。

$$\omega_5 = \frac{G_5 - G_0}{G_0} \times 100\% \tag{8.3}$$

式中　ω_5——试样沸煮 5h 吸水率，%；

　　　G_5——试样沸煮 5h 的湿质量，g；

　　　G_0——试样干质量，g。

③ 每块试样的饱和系数 K 按下式计算，精确至 0.01。

$$K = \frac{G_{24} - G_0}{G_5 - G_0} \tag{8.4}$$

式中　K——试样饱和系数；

　　　G_{24}——常温水浸泡 24h 试样湿质量，g；

　　　G_5——试样沸煮 5h 的湿质量，g。

8.4.6　实验结果计算与评定

（1）结果计算

试样吸水率以 5 块试样的算术平均值表示（精确至 1%）；饱和系数以 5 块试样的算术平均值表示（精确至 0.01）。

（2）结果评定

① 烧结砖。烧结砖吸水率和饱和系数应符合表 8-7 的要求。对于严重风化区中的黑龙江省、吉林省、辽宁省、内蒙古自治区、新疆维吾尔自治区的砖必须进行冻融实验，其他地区的砖的抗风化性能符合标准规定时，可不做冻融实验，否则必须进行冻融实验。

表 8-7　烧结砖抗风化性能

砖种类	严重风化区				非严重风化区			
	5h 沸煮吸水率/%		饱和系数		5h 沸煮吸水率/%		饱和系数	
	平均值	单块最大值	平均值	单块最大值	平均值	单块最大值	平均值	单块最大值
黏土砖	≤18	<20	≤0.85	≤0.87	≤19	≤20	≤0.88	≤0.90
粉煤灰砖	≤21	≤23			≤23	≤25		
页岩砖	≤16	≤18	≤0.74	≤0.77	≤18	≤20	≤0.78	≤0.80
煤矸石砖								

② 空心砖。空心砖吸水率应符合表 8-8 的要求。

表 8-8　空心砖吸水率

等级	吸水率/%	
	黏土砖、页岩砖、煤矸石砖	粉煤灰砖
优等品	≤15.0	≤20.0
一等品	≤18.0	≤22.0
合格品	≤20.0	<24.0

③ 多孔砖。多孔砖吸水率和饱和系数应符合表 8-9 的要求。

表 8-9　多孔砖抗风化性能

砖种类	严重风化区				非严重风化区			
	5h 沸煮吸水率/%		饱和系数		5h 沸煮吸水率/%		饱和系数	
	平均值	单块最大值	平均值	单块最大值	平均值	单块最大值	平均值	单块最大值
黏土砖	≤21	≤23	≤0.85	≤0.87	≤23	<25	≤0.88	≤0.90
粉煤灰砖	≤23	≤25			≤30	≤32		
页岩砖	≤16	≤18	≤0.74	≤0.77	≤18	≤20	≤0.78	≤0.80
煤矸石砖	≤19	≤21			≤21	≤23		

8.5 砖的抗压强度实验

8.5.1 实验目的

测定砖的抗压强度，作为评定砖强度等级的依据。

8.5.2 主要仪器设备

① 材料试验机：试验机的示值相对误差不超过±1%，其上、下加压板至少应有一个为球形铰支座，预期最大破坏荷载应在量程的20%～80%。

② 抗压检测试件制备平台：检测试件制备平台必须平整水平，可用金属或其他材料制作。

③ 水平尺：规格为250～350mm。

④ 钢直尺：分度值不应大于1mm。

⑤ 振动台、制样模具、搅拌机、切割设备应符合国标的要求。

8.5.3 试件制备

（1）烧结普通砖

① 每次做实验时用砖10块，将待测试样切断或锯成两个半截砖，断开后的半截砖长不得小于100mm，如图8-7所示。若不足100mm，则应另取备用试样补足。

② 在抗压检测试样制备平台上，将已断开的半截砖放入室温的净水中浸10～20min后取出，并以断口相反方向叠放，两者中间抹以厚度不超过5mm的水泥净浆［水泥浆用42.5（单位：mm）级的普通硅酸盐水泥调制，稠度要适宜］黏结，上下两面用厚度不超过3mm的同种水泥浆抹平。制成的检测试件上下两面应该相互平行，并且垂直于侧面，如图8-8所示。

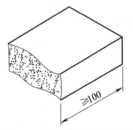

图 8-7　半截砖长度示意图

（单位：mm）

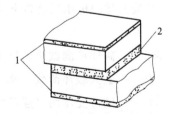

图 8-8　水泥砂浆层厚度示意图

1—净浆层厚≤3mm；2—净浆层厚≤5mm

（2）非烧结砖

将同一块检测试样的两半截砖断口相反叠放，叠合部分不得小于100mm，如

图 8-9 半砖叠合
示意图（单位：mm）

图 8-9 所示，即作为抗压强度检测试件。若不足 100mm 时，应剔除，另取备用检测试样补足。

（3）多孔砖、空心砖

① 多孔砖以单块整砖沿竖孔方向加压，空心砖以单块沿大面和条面方向分别加压。

② 试件制作采用坐浆法操作。即用玻璃板置于抗压检测试件制备平台上，其上铺一张湿的垫纸，纸上铺一层厚度不超过 5mm、稠度适宜的水泥净浆（用 32.5 或 42.5 级的普通硅酸盐水泥制成），再将已在水中浸泡 10～20min 的试样平稳地将其受压面放在水泥浆上，对另一受压面上稍加压力，使整个水泥层与砖的受压面相互黏结紧密，且砖的侧面应垂直于玻璃板。待水泥浆适当凝固后，连同玻璃板翻放在另一铺纸放浆的玻璃板上，再进行坐浆，并且使用水平尺校正好玻璃板的水平。

8.5.4 试件养护

① 制成的抹面试件置于不低于 10℃ 的不通风室内养护 3d，方可实验。

② 非烧结砖检测试件，不需要养护，直接进行实验。

8.5.5 实验方法步骤

① 测量每个试件连接面或受压面的长、宽尺寸各两个，分别取其平均值（精确至 1mm）。

② 将试件平放在加压设备的中央，垂直于受压面加荷，应均匀、平稳，不得发生冲击或振动，加荷速度以（5±0.5）kN/s 为宜，直至试件破坏为止，记录最大破坏荷载 P。

8.5.6 实验结果处理

① 每块试样的抗压强度按下式计算，精确至 0.1MPa。

$$R_P = P/(LB) \tag{8.5}$$

式中　R_P——砖样检测试块的抗压强度，MPa；

　　　P——最大破坏荷载，N；

　　　L——试件受压面（连接面）的长度，mm；

　　　B——试件受压面（连接面）的宽度，mm。

② 实验结果以试样抗压强度的算术平均值和单块最小值表示（精确至 0.1MPa）。

③ 烧结砖强度应符合表 8-10～表 8-12 的规定。

表 8-10　烧结普通砖强度等级　　　　　　　　单位：MPa

强度等级	抗压强度平均值 $\bar{f}$	变异系数 $\delta \leqslant 0.21$ 强度标准值 f_K	变异系数 $\delta > 0.21$ 单块最小抗压强度值 f_{min}
MU30	$\geqslant 30.0$	$\geqslant 22.0$	$\geqslant 25.0$
MU25	$\geqslant 25.0$	$\geqslant 18.0$	$\geqslant 22.0$
MU20	$\geqslant 20.0$	$\geqslant 14.0$	$\geqslant 16.0$
MU15	$\geqslant 15.0$	$\geqslant 10.0$	$\geqslant 12.0$
MU10	$\geqslant 10.0$	$\geqslant 6.5$	$\geqslant 7.5$

表 8-11　烧结多孔砖强度等级　　　　　　　　单位：MPa

强度等级	抗压强度平均值 $\bar{f}$	变异系数 $\delta \leqslant 0.21$ 强度标准值 f_K	变异系数 $\delta > 0.21$ 单块最小抗压强度值 f_{min}
MU30	$\geqslant 30.0$	$\geqslant 22.0$	$\geqslant 25.0$
MU25	$\geqslant 25.0$	$\geqslant 18.0$	$\geqslant 22.0$
MU20	$\geqslant 20.0$	$\geqslant 14.0$	$\geqslant 16.0$
MU15	$\geqslant 15.0$	$\geqslant 10.0$	$\geqslant 12.0$
MU10	$\geqslant 10.0$	$\geqslant 6.5$	$\geqslant 7.5$

表 8-12　烧结空心砖强度等级　　　　　　　　单位：MPa

强度等级	抗压强度平均值 $\bar{f}$	变异系数 $\delta \leqslant 0.21$ 强度标准值 f_K	变异系数 $\delta > 0.21$ 单块最小抗压强度值 f_{min}
MU10	$\geqslant 10.0$	$\geqslant 7.0$	$\geqslant 8.0$
MU7.5	$\geqslant 7.5$	$\geqslant 5.0$	$\geqslant 5.8$
MU5.0	$\geqslant 5.0$	$\geqslant 3.5$	$\geqslant 4.0$
MU3.0	$\geqslant 3.5$	$\geqslant 2.5$	$\geqslant 2.8$
MU2.0	$\geqslant 2.5$	$\geqslant 1.6$	$\geqslant 1.8$

8.6　砖的抗折强度实验

8.6.1　实验目的

测定砖的抗折强度，从而判断砖的质量等级。

8.6.2　主要实验仪器

① 材料试验机：试验机的示值相对误差不超过±1%，其上、下加压板至少应有一个球形铰支座，预期最大破坏荷载应在量程的 20%～80% 之间。

② 抗折夹具：抗折检测的加荷形式为三点加荷，其上压辊和直支辊的曲率半径为 15mm，下支辊应有一个为铰接固定。

③ 直尺：分度值为 1mm。

8.6.3 试样准备

① 非烧结砖应放在温度为（20±5）℃的水中浸泡 24h 后取出，用湿布拭去其表面水分进行抗折实验。

② 粉煤灰砖和矿渣砖在养护结束后 24～36h 内进行实验。

③ 烧结砖不需浸水及其他处理，直接进行实验。

8.6.4 实验方法步骤

① 按尺寸检测的规定，测量试样的宽度和高度尺寸各两个，分别取其算术平均值（精确至 1mm）。

② 调整抗折夹具下支辊的跨距为砖规格长度减去 40mm，但规格长度为 190mm 的砖样，其跨距为 160mm。

③ 将试样大面平放在下支辊上，试样两端面与下支辊的距离应相同，当试样有裂缝或凹陷的大面朝下，以 50～150N/s 的速度均匀加荷，直至试样断裂，记录最大破坏荷载 P。

8.6.5 实验结果计算及处理

（1）抗折强度计算公式

每块试样的抗折强度 R_c 按下式计算，精确至 0.01MPa。

$$R_c = \frac{3PL}{2BH^2} \tag{8.6}$$

式中　R_c——抗折强度，MPa；

　　　P——最大破坏荷载，N；

　　　L——跨距，mm；

　　　B——试样宽度，mm；

　　　H——试样高度，mm。

（2）结果评定

实验结果以试样抗折强度的算术平均值和单块最小值表示（精确至 0.01MPa）。

8.7 砖的体积密度实验

8.7.1 实验目的

测定砖的密度，指导实验人员按规程正确操作，确保实验结果科学、准确。

8.7.2 实验仪器设备

① 鼓风干燥箱。

② 台秤：分度值为 5g。

③ 钢直尺或砖用卡尺：分度值为 1mm。

8.7.3 实验方法步骤

① 清理试样表面，并注写编号，然后将试样置于 $105 \sim 110℃$ 鼓风干燥箱中干燥至恒重，称其质量 G_0，并检查外观情况，不得有缺棱、掉角等破损。如有破损者，须重新换取备用试样。

② 将干燥后的试样按测量方法的规定，测量其长、宽、高尺寸各两个，分别取其平均值。

8.7.4 实验结果计算及处理

① 体积密度 ρ 按下式计算，精确至 $0.1kg/m^3$。

$$\rho = \frac{G_0}{LBH} \times 10^9 \tag{8.7}$$

式中　ρ——体积密度，kg/m^3；

G_0——试样干质量，kg；

L——试样长度，mm；

B——试样宽度，mm；

H——试样高度，mm。

② 实验结果以试样密度的算术平均值表示（精确至 $1kg/m^3$）。

9

土的工程性质实验

9.1 土的天然密度实验

9.1.1 实验目的

测定土的天然密度，了解土体内部结构的密实情况，与其他实验配合计算土的干密度、孔隙比、饱和度，以及地基的计算强度。本实验对一般黏质土，宜采用环刀法。

9.1.2 依据的规范和标准

《土工试验方法标准》（GB/T 50123—2019）、《公路土工试验规程》（JTG 3430—2020）、《切上环刀校验方法》（SL 110—2014）。

9.1.3 主要仪器设备

① 环刀：内径 6.18cm，面积 30cm^2。

② 石蜡及熔蜡设备（电炉和锅）。

③ 天平：称量 500～1000g，感量 0.1g。

④ 其他：切土刀、钢丝锯、凡士林、玻璃片、盛水烧杯、细线、温度计和针等。

9.1.4 实验方法步骤

（1）环刀法

环刀法是利用一定容积的环刀切取土样，使土样充满环刀，这样环刀的容积即为试样体积，并称量试样质量，根据定义可计算出土的密度。环刀法简单方便，是目前最常用的实验方法。该方法适用于较均匀的可塑黏性土。

① 按工程需要取原状土或制备所需状态的扰动土样，整平其两端，将环刀内壁涂一薄层凡士林并称取环刀质量，然后将环刀刃口向下放在土样上。

② 用切土刀（或钢丝锯）将土样削成略大于环刀直径的土柱。然后将环刀垂直下压，边压边削，至土样伸出环刀为止。将两端余土削去修平，两端盖上圆玻璃

片，避免水分蒸发，取剩余的代表性土样测定含水率。

③ 擦净环刀外壁称量，称量环刀与土的质量，精确至 0.1g。

（2）封蜡法

封蜡法是将已知质量的土块浸入熔化的石蜡中，使试样完全被一层蜡膜外壳包裹。通过分别称得带有蜡壳的土样在空气中和水中的质量，根据阿基米德原理，计算出试样体积，便可测出土的密度。

① 切取土样

从原状土样中切取体积不小于 $30cm^3$ 的代表性土样，削去松浮表土和尖锐棱角，使之成较整齐的形状，系上细线，置于天平盘上称量试样质量为 m。

② 封蜡

手持细线将试样徐徐浸入刚过熔点（温度 50～70℃）的蜡液中，待全部浸没后立即提出，检查试样表面的蜡膜，当有气泡时用烧热的针刺破，再用蜡液补平，让其冷却。

③ 测定试样体积

a. 将冷却后的蜡封试样放在天平上称其质量为 m_1。

b. 用细线将试样吊在天平的一端，浸没于盛有蒸馏水的烧杯中（图 9-1），称其在水中的质量为 m_2。

c. 将试样从水中取出，擦干蜡封薄膜表面水分，置于天平上称量检查是否有水进入土样中，若有水浸入，则实验应重做。

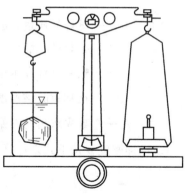

图 9-1　在水中称蜡封试样

9.1.5　实验结果计算及处理

（1）环刀法

按下式计算密度及干密度。

$$\rho = \frac{m_2 - m_1}{V} \tag{9.1}$$

$$\rho_d = \frac{\rho}{1 + 0.01\omega} \tag{9.2}$$

式中　ρ——密度，g/cm^3；

　　ρ_d——干密度，g/cm^3；

　　m_1——环刀质量，g；

　　m_2——环刀加土质量，g；

V——试样体积，cm^3；

ω——含水率，%。

计算精确至 $0.01g/cm^3$，本实验需进行 2 次平行测定，其平行差值不得大于 $0.03g/cm^3$，取其算术平均值。

（2）封蜡法

① 试样体积计算：试样体积等于蜡封试样体积减去蜡膜体积。蜡封试样体积 V_d 按下式计算，即

$$V_d = \frac{m_1 - m_2}{\rho_w} \qquad (9.3)$$

试样周围蜡膜的体积 V_n 按下式计算，即

$$V_n = \frac{m_1 - m}{\rho_n} \qquad (9.4)$$

试样体积 V 按下式计算，即

$$V = V_d - V_n \qquad (9.5)$$

式中 m——试样的质量，g；

　　m_1——蜡封试样的质量，g；

　　m_2——蜡封试样在水中的质量，g；

　　ρ_w——在称重时该温度下蒸馏水的密度，g/cm^3；

　　ρ_n——事先求出的石蜡密度，一般以 $0.92g/cm^3$ 计。

② 试样密度 ρ 按下式来计算（准确至 $0.01g/cm^3$），即

$$\rho = \frac{m}{V} = \frac{m}{V_d - V_n} \qquad (9.6)$$

本实验需做两次平行测定，取其平均值，其平均差值不得大于 $0.03g/cm^3$。

9.1.6 实验结果记录

① 环刀法实验记录见表 9-1。

表 9-1 密度实验记录表（环刀法）

试样编号	土样类别	环刀号	环刀质量/g	试样+环刀质量/g	试样质量/g	试样体积/cm³	湿密度/(g/cm³)	试样含水率/%	干密度/(g/cm³)	平均干密度/(g/cm³)

② 封蜡法实验记录见表 9-2。

表 9-2　密度实验记录表（封蜡法）

试样编号	试样质量/g	蜡封试样质量/g	蜡封试样水中质量/g	水的温度/℃	水的密度/(g/cm³)	蜡封试样体积/cm³	蜡膜体积/cm³	试样体积/cm³	试样密度/(g/cm³)	平均密度/(g/cm³)

9.2　土粒相对密度实验（比重瓶法）

9.2.1　实验目的

土的相对密度是土的物理性质基本指标之一，为计算土的孔隙率、饱和度及进行其他土的物理力学实验提供必需的数据。土粒相对密度是土在 105～110℃ 下烘至恒值时的质量与土粒同体积 4℃ 纯水质量的比值。一般土粒的相对密度用纯水测定，对含有可溶盐、亲水性胶体或有机质的土，须用中性液体（如煤油）测定。

比重瓶法测定土粒相对密度是利用排水法通过比重瓶测定一定质量土粒的体积，从而计算出土粒相对密度。其中，土粒的体积是通过测定土粒的质量、比重瓶加水的质量、比重瓶加水加土粒的质量计算得到。该法适合于粒径小于 5mm 的各类土。

9.2.2　依据规范标准

《土工试验方法标准》（GB/T 50123—2019）、《公路土工试验规程》（JTG 3430—2020）。

9.2.3　主要仪器设备

① 比重瓶：容量 100mL（或 50mL），分长颈和短颈两种。

② 天平：称量 200g，分度值 0.001g。

③ 恒温水浴：灵敏度 ±1℃。

④ 砂浴：能调节温度。

⑤ 真空抽气设备。

⑥ 湿度计，测量范围 0～50℃，分度值 0.5℃。

⑦ 其他：如烘箱、纯水、中性液体（如煤油等）、孔径 2mm 及 5mm 筛、漏斗、滴管等。

9.2.4　实验方法步骤

① 将比重瓶烘干，把通过 5mm 筛的烘干土 15g 装入 100mL 比重瓶内（若用 50mL 比重瓶，装烘干土约 12g），称量。

② 为排除土中的空气，将已装有干土的比重瓶注纯水至瓶的一半处，摇动比

重瓶，并将瓶放在砂浴上煮沸，煮沸时间自悬液沸腾时算起，砂及砂质粉土不应少于 30min；黏土及粉质黏土不应少于 1h。煮沸时应注意不使土液溢出瓶外。

③ 将纯水注入比重瓶，如系长颈比重瓶，注水至略低于瓶的刻度处；如系短颈比重瓶，应注水至近满（有恒温水槽时，可将比重瓶放于恒温水槽内）。待瓶内悬液温度稳定及瓶上部悬液澄清。

④ 如系长颈比重瓶，用滴管调整液面至刻度处（以弯液面下缘为准），擦干瓶外及瓶内壁刻度以上部分的水，称瓶、水、土总质量；如系短颈比重瓶，塞好瓶塞，使多余水分自瓶塞毛细管中溢出，将瓶外水分擦干后，称瓶、水、土总质量。称量后立即测出瓶内水的温度。

⑤ 根据测得的温度，从已绘制的温度与瓶、水总量关系中查得瓶、水总质量。

⑥ 测定含有可溶盐、亲水性胶体或有机质土的相对密度时，用中性液体（如煤油等）代替纯水，用真空抽气法代替煮沸法，排除土中空气。抽气时真空度须接近 1 个大气压，从达到 1 个大气压时算起，抽气时间一般为 1~2h，直至悬液内无气泡逸出时为止。其余步骤按上述③~⑤步骤进行。

本实验称量应精确至 0.001g。

9.2.5 实验结果计算及处理

按下式计算土粒相对密度。

① 用纯水测定时：

$$G_s = \frac{m_d}{m_1 + m_d - m_2} G_{wt} \qquad (9.7)$$

式中　G_s——土粒相对密度；

m_d——干土质量，g；

m_1——瓶、水总质量，g；

m_2——瓶、水、土总质量，g；

G_{wt}——温度为 t 时纯水的相对密度（可查物理手册），准确至 0.001。

② 用中性液体测定时：

$$G_s = \frac{m_d}{m'_1 + m_d - m'_2} G_{kt} \qquad (9.8)$$

式中　m'_1——瓶、中性液体总质量，g；

m'_2——瓶、中性液体、土总质量，g；

G_{kt}——温度为 t 时中性液体的相对密度（实测得），准确至 0.001。

计算结果精确至 0.001。

本实验须进行 2 次平行测定，其平行差值不得大于 0.02，取其算术平均值。

9.2.6 实验结果记录

本实验记录格式如表 9-3 所示。

表 9-3 相对密度实验记录表（比重瓶法）

试样编号	比重瓶号	温度/℃	水的相对密度	比重瓶质量/g	瓶、干土总质量/g	干土质量/g	瓶、水总质量/g	瓶、水、土总质量/g	与干土同体积水的质量/g	相对密度	平均值	备注
		(1)	(2)	(3)	(4)	(5)	(6)	(7)	(8)	(9)		
			查表			(4)−(3)			(5)+(6)−(7)	$\frac{(5)}{(8)}\times 2$		

9.3 土粒相对密度实验（浮称法）

9.3.1 实验目的

浮称法是利用排水法测量土粒的体积。用浮称天平称量土粒在水中的质量，再称量土粒的质量，两者之差就是土粒所受到的浮力。利用阿基米德原理计算土粒的体积，从而可依据相对密度的定义计算土粒相对密度。该方法适用于粒径大于等于 5mm 的各类土，且其中粒径大于 20mm 的土的质量小于总土质量的 10%。

9.3.2 依据的规范标准

实验依据规范 JTG 3430—2020（T 0113—1993）进行。

9.3.3 主要仪器设备

① 孔径小于 5mm 的铁丝筐，直径约 10～15cm，高约 10～20cm。

② 适合铁丝筐沉入用的盛水容器。

③ 浮称天平：称量 2000g，分度值 0.5g。

④ 天平：称量 1000g，分度值 0.1g。

⑤ 其他：烘箱、温度计、孔径 5mm 及 20mm 筛等。

9.3.4 实验方法步骤

① 取粒径大于 5mm 的代表性试样 500～1000g（若用秤称则称 1～2kg）。

② 冲洗试样，直至颗粒表面无尘土和其他污物。

③ 将试样浸在水中 24h 后取出，立即放入铁丝筐，缓缓浸没于水中，并在水中摇晃，至无气泡逸出时为止。

④ 用浮称天平（图 9-2）称铁丝筐和试样在水中的总质量。

⑤ 取出试样烘干，称量。

⑥ 称铁丝筐在水中质量，并立即测量容器内水的温度，精确至0.5℃。

⑦ 本实验称量应精确至0.2g。

9.3.5 实验结果计算及处理

① 按下式计算土粒相对密度。

$$G_s = \frac{m_d}{m_d - (m_2' - m_1')} G_{wt} \quad (9.9)$$

式中 m_1'——铁丝筐在水中质量，g；

m_2'——试样加铁丝筐在水中总质量，g。

计算结果精确至0.001。

本实验应进行2次平行测定，2次测定差值不得大于0.02，取其算术平均值。

② 按下式计算土粒平均相对密度。

$$G_s = \frac{1}{\dfrac{P_1}{G_{s1}} + \dfrac{P_2}{G_{s2}}} \quad (9.10)$$

式中 G_{s1}——粒径大于5mm土粒的相对密度；

G_{s2}——粒径小于5mm土粒的相对密度；

P_1——粒径大于5mm土粒的质量分数，%；

P_2——粒径小于5mm土粒的质量分数，%。

本实验应进行2次平行测定，2次测定差值不得大于0.02，取其算术平均值。

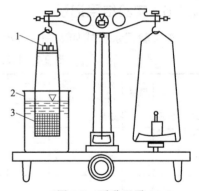

图9-2 浮称天平

1—平衡砝码盘；2—盛水容器；

3—盛粗粒土的铁丝筐

9.3.6 实验结果记录

本实验记录格式如表9-4所示。

表9-4 相对密度实验记录表（浮称法）

试样编号	温度/℃	水的相对密度	烘干土质量/g	铁丝筐加试样在水中质量/g	铁丝筐在水中质量/g	试样在水中质量/g	相对密度	平均值	备注
	(1)	(2)	(3)	(4)	(5)	(6)	(7)		
		查表				(4)−(5)	$\dfrac{(3)×(2)}{(3)−(6)}$		

9.4 土的液限塑限实验（联合测定仪测定液塑限）

9.4.1 实验目的

测定黏性土的液限和塑限，从而算出塑性指数，用来作为黏性土的分类依据，与天然含水量比较，可以判断土属于哪个稠度状态，借此确定地基土的计算强度。

9.4.2 依据的规范标准

实验依据 JTG 3430—2020（T 0118—2007）进行。

9.4.3 主要仪器设备

① 光电式液塑限联合测定仪（图 9-3）。

② 圆锥仪：圆锥质量为 76g，锥角 30°。

③ 试样杯：直径 40～50mm，高 30～40mm。

④ 天平：称量 200g，分度值 0.01g。

⑤ 其他：烘箱、干燥缸、铝盒、调土刀、筛（孔径 0.5mm）、凡士林等。

9.4.4 实验方法步骤

① 液限塑限联合实验，原则上采用天然含水率的土样制备试样，但也允许用风干土制备试样。当采用天然含水率的土样时，应剔除大于 0.5mm 的颗粒，然后分别按接近液限、塑限和二者的中间状态制备不同稠度的土膏，静置润湿。静置时间可视原含水率的大小而定。当采用风干土样时，取过 0.5mm 筛的代表性土样约 200g，分成 3 份，分别放入 3 个盛土皿中，加入不同数量的纯水，使其分别达到含水率要求，调成均匀土膏，然后放入密封的保湿缸中，静置 24h。

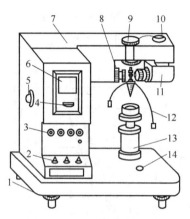

图 9-3 光电式液塑限联合
测定仪示意图

1—水平调节螺丝；2—控制开关；
3—指示灯；4—零线调节螺丝；
5—反光镜调节螺丝；6—屏幕；
7—机壳；8—物镜调节螺丝；
9—电磁装置；10—光源调节螺丝；
11—光源；12—圆锥仪；
13—升降台；14—水平泡

② 将制备好的土膏用调土刀充分调拌均匀，密实地填入试样杯中，应使空气逸出。试样杯的余土用刮土刀刮平，随即将试样杯放在仪器底座上。

③ 取圆锥仪，在锥体上涂一薄层润滑油脂，接通电源，使电磁铁吸稳圆锥仪（对于游标式或百分表式，提起锥杆，用旋钮固定）。

④ 调节屏幕准线，使初读数为零（游标尺或百分表读数调零）。调节升降台，使圆锥仪锥角接触试样面，指示灯亮时圆锥在自重下沉入试样内（游标式或百分表

式用手扭动旋钮，松开锥杆），经 5s 后立即测读圆锥下沉深度。然后取出试样杯，取 10g 以上的试样 2 个，测定含水率。

⑤ 测试其余 2 个试样的圆锥下沉深度和含水率。

9.4.5 实验结果计算和制图

① 按下式计算含水率。

$$\omega = \left(\frac{m}{m_{\text{d}}} - 1\right) \times 100\%$$ (9.11)

式中　ω——含水率，%，计算结果精确至 0.1%；

　　　m——湿土质量，g；

　　　m_{d}——干土质量，g。

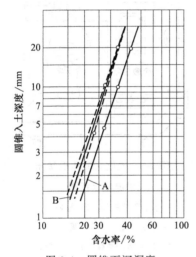

图 9-4　圆锥下沉深度
与含水率关系图

② 绘制圆锥下沉深度 h 与含水率 ω 的关系曲线。以含水率为横坐标、圆锥下沉深度为纵坐标，在双对数坐标纸上绘制关系曲线，三点连成一条直线（图 9-4 中的 A 线）。当三点不在一条直线上时，可通过高含水率的一点与另两点连成两条直线，在圆锥下沉深度为 2mm 处查得相应的含水率。当两个含水率的差值不小于 2% 时，应重做实验。当两个含水率的差值小于 2% 时，用这两个含水率的平均值与高含水率的点连成一条直线（图 9-4 中的 B 线）。

③ 在圆锥下沉深度 h 与含水率 ω 关系图上查得：下沉深度为 17mm 所对应的含水率为液限 ω_{L}；下沉深度为 2mm 所对应的含水率为塑限 ω_{P}，以百分数表示，精确至 0.1%。

④ 按下式计算塑性指数和液性指数。

$$I_{\text{P}} = \omega_{\text{L}} - \omega_{\text{P}}$$ (9.12)

$$I_{\text{L}} = \frac{\omega - \omega_{\text{P}}}{I_{\text{P}}}$$ (9.13)

式中　I_{P}——塑性指数，精确至 0.01；

　　　ω_{L}——液限，%；

　　　ω_{P}——塑限，%；

　　　ω——天然含水率，%；

　　　I_{L}——液性指数，精确至 0.01。

9.4.6 实验结果记录

本实验记录格式如表 9-5 所示。

表 9-5 液塑限联合实验记录表

试样编号	圆锥下沉深度 h/mm	盒号	湿土质量 m/g	干土质量 m_d/g	含水率 ω/%	液限 ω_L/%	塑限 ω_P/%	塑性指数 I_P	液性指数 I_L
			(1)	(2)	$(3)=\left[\dfrac{(1)}{(2)}-1\right]\times100\%$	(4)	(5)	$(6)=(4)-(5)$	$(7)=\left[\dfrac{(3)-(5)}{(6)}\right]$

9.5 土的液限塑限实验（碟式仪液限实验）

9.5.1 实验目的

测定黏性土的液限和塑限，从而算出塑性指数，用来做为黏性土的分类依据，与天然含水量比较，可以判断土属于哪个稠度状态，借此确定地基土的计算强度。

碟式仪液限实验是将土碟中的土膏，用划刀分成两半，以 2 次/s 的速率将土碟由 10mm 高度下落。当击数 25 次时，两半土膏在碟底的合拢长度刚好达到 13mm，此时的含水率为液限。

9.5.2 依据的规范标准

实验依据 JTG 3430—2020（T 0170—2007）进行。

9.5.3 主要仪器设备

① 碟式液限仪：由土碟和支架组成专用仪器，并有专用划刀，如图 9-5 所示。

② 天平：称量 200g，分度值 0.01g。

③ 其他：烘箱、干燥缸、铝盒、调土刀、筛（孔 0.5mm）等。

9.5.4 实验方法步骤

① 取过 0.5mm 筛的土样（天然含水率的土样或风干土样均可）约 100g，放在调土皿中，按需要加纯水，用调土刀反复拌匀。

② 取一部分试样，平铺于土碟的前半部。铺土时应防止试样中混入气泡。用调土刀将试样面修平，使最厚处为 10mm，多余试样放回调土皿中。以蜗轮为中心，用划刀从后至前沿土碟中央将试样划成槽缝清晰的两半 [图 9-6 (a)]。为避免槽缝边扯裂或试样在土碟中滑动，允许从前至后，再从后至前多划几次，将槽逐步加深，以代替一次划槽，最后一次从后至前的划槽能明显的接触碟底。但应尽量减少划槽的次数。

③ 以 2 转/s 的速率转动摇柄，使土碟反复起落，坠击于底座上，数记击数，

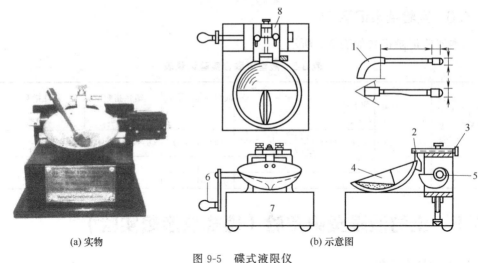

(a) 实物   (b) 示意图

图 9-5　碟式液限仪

1—开槽器；2—销子；3—支架；4—土碟；5—蜗轮；6—摇柄；7—底座；8—调整板

直至试样两边在槽底的合拢长度为 13mm 为止［实验后的合拢情况如图 9-6（b）所示］，记录击数，并在槽的两边采取试样 10g 左右，测定其含水率。

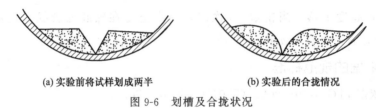

(a) 实验前将试样划成两半   **(b) 实验后的合拢情况**

图 9-6　划槽及合拢状况

④ 将土碟中的剩余试样移至调土皿中，再加水彻底拌和均匀，按上述步骤至少再做 2 次实验。这 2 次土的稠度应使合拢长度为 13mm 时所需击数在 15～35 次之间（25 次以上及以下各 1 次），然后测定各击次下试样的相应含水率。

9.5.5　实验结果计算和制图

① 按下式计算各击次下合拢时试样的相应含水率。

$$\omega_n = \left(\frac{m_n}{m_d} - 1 \right) \times 100\% \tag{9.14}$$

式中　ω_n——n 击下试样的含水率，%；

　　　m_n——n 击下试样的质量，g；

　　　m_d——试样的干土质量，g。

② 根据实验结果，以含水率为纵坐标，以击数为横坐标，绘制曲线，如图 9-7 所示。查得曲线上击数 25 次所对应的含水率，即为该试样的液限。

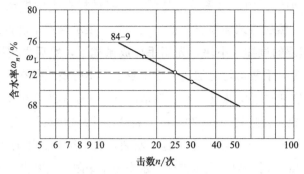

图 9-7　含水率与击数关系曲线

9.5.6　实验结果记录

本实验的记录格式如表 9-6 所示。

表 9-6　碟式仪液限实验

试样编号	击数 $/n$	盒号	湿土质量 m/g	干土质量 m_d/g	含水率 $\omega/\%$	液限 ω_L $/\%$	塑限 ω_P $/\%$	塑性指数 I_P	液性指数 I_L
			(1)	(2)	$(3)=\left[\dfrac{(1)}{(2)}-1\right]\times100\%$	(4)	(5)	$(6)=(4)-(5)$	$(7)=\left[\dfrac{(3)-(5)}{(6)}\right]$

9.6　土的液限塑限实验（滚搓法塑限实验）

9.6.1　实验目的

滚搓法实验是用手掌在毛玻璃板上搓滚土条，当土条直径达 3mm 时产生裂缝并断裂，此时的含水率为塑限。

9.6.2　依据的规范标准

实验依据 JTG 3430—2020（T 0119—1993）进行。

9.6.3　主要仪器设备

① 毛玻璃板：约 200mm×300mm。

② 天平：称量 200g，分度值 0.01g。

③ 缝隙 3mm 的模板或直径 3mm 的金属丝，或卡尺。

④ 其他：烘箱、干燥缸、铝盒、筛（孔径 0.5mm）等。

9.6.4　实验方法步骤

① 取过 0.5mm 筛的代表性试样约 100g，加纯水拌和，浸润静置过夜。

② 为使实验前试样的含水率接近塑限，可将试样在手中捏揉至不粘手，或用吹风机稍微吹干，然后将试样捏扁，如出现裂缝，表示含水率已接近塑限。

③ 取接近塑限的试样一小块，先用手捏成橄榄形，然后再用手掌在毛玻璃板上轻轻搓滚。搓滚时手掌均匀施加压力于土条上，不得使土条在毛玻璃板上无力滚动。土条长度不宜超过手掌宽度。在任何情况下，土条不得产生中空现象。

④ 当土条搓成直径达到 3mm 时，产生裂缝，并开始断裂，表示试样达到塑限。若土条搓成直径小于 3mm 时不产生裂缝及断裂，表示这时试样的含水率高于塑限；当土条直径大于 3mm 时断裂，表示试样含水率小于塑限，应弃去，重新取土实验。

⑤ 收集到直径符合 3mm 断裂土条约 3～5g 后，放入铝盒内，随即盖紧盒盖，测定含水率。此含水率即为塑限。

9.6.5 实验结果计算

① 按下式计算塑限。

$$\omega_P = \left(\frac{m - m_d}{m_d}\right) \times 100\% \tag{9.15}$$

式中　ω_P——塑限，%，计算至 0.1%；

　　　m——湿土质量，g；

　　　m_d——干土质量，g。

② 本实验需进行 2 次平行测定，2 次测定的差值，高液限土不得大于 2%，低液限土不得大于 1%。

9.6.6 实验结果记录

本实验记录格式如表 9-7 所示。

表 9-7　滚搓法塑限实验记录表

土样编号	盒号	湿土质量 m/g	干土质量 m_d/g	含水率 $\omega/\%$	塑限 $\omega_P/\%$
		(1)	(2)	$(3) = \left[\frac{(1)}{(2)} - 1\right] \times 100\%$	

9.7　土的击实实验

9.7.1　实验目的及适用范围

本实验的目的是用标准的击实方法，测定土的密度与含水率的关系，从而确定土的最大干密度与最优含水率。

本实验分为轻型击实实验和重型击实实验2种。轻型击实实验适用于粒径小于5mm的黏性土，其单位体积击实功能为592.2kJ/m³；重型击实实验适用于粒径小于20mm的土，其单位体积击实功能为2684.9kJ/m³。

9.7.2　依据的规范标准

实验依据 JTG 3430—2020（T 0131—2019）进行。

9.7.3　主要仪器设备

① 标准击实仪：见图 9-8 和图 9-9。击实仪的击锤应配导筒，击锤与导筒间应有足够的间隙使锤能自由下落。电动操作的击锤必须有控制落距的跟踪装置和锤击点按一定角度（轻型 53.5°、重型 45°）均匀分布的装置。击实仪的击实筒和击锤尺寸应符合表 9-8 所示规定。

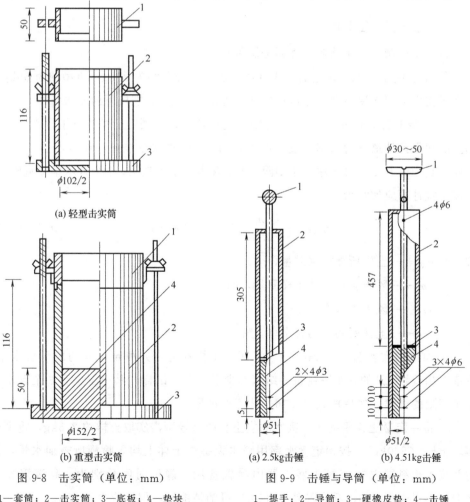

(a) 轻型击实筒

(b) 重型击实筒

图 9-8　击实筒（单位：mm）

1—套筒；2—击实筒；3—底板；4—垫块

(a) 2.5kg击锤

(b) 4.51kg击锤

图 9-9　击锤与导筒（单位：mm）

1—提手；2—导筒；3—硬橡皮垫；4—击锤

② 天平：称量 200g，分度值 0.01g。

③ 台秤：称量 10kg，分度值 5g。

④ 标准筛：孔径为 20mm 圆孔筛和 5mm 标准筛。

⑤ 试样推出器：宜用螺旋式千斤顶或液压式千斤顶，如无此类装置，也可用刮刀和修土刀从击实筒中取出试样。

⑥ 其他：烘箱、喷水设备、碾土设备、盛土器、修土刀和保湿设备等。

表 9-8　击实仪主要部件尺寸规格表

| 实验方法 | 锤底直径/mm | 锤质量/kg | 落高/mm | 击实筒 | | | 护筒高度/mm | 单位体积击功/(kJ/m³) |
				直径/mm	高/mm	体积/mm³		
轻型	51	2.5	305	102	116	947.9	50	592.2
重型	51	4.5	457	152	116	2103.9	50	2684.9

9.7.4　实验方法步骤

（1）试样制备（干法制备和湿法制备）

① 干法制备。取一定量的代表性风干土样（轻型约为 20kg，重型约为 50kg），放在橡皮板上用木碾碾散（也可用碾土设备碾散），并分别按下列方法备样。

a. 轻型击实实验过 5mm 筛，将筛下土样拌匀，并测定土样的风干含水率。根据土的塑限预估最优含水率，按依次相差约 2% 的含水率制备一组（不少于 5 个）试样，其中应有 2 个含水率大于塑限，2 个含水率小于塑限，1 个含水率接近塑限，并按下式计算应加水量：

$$m_W = \frac{m}{1+0.01\omega_0} \times 0.01(\omega - \omega_0) \tag{9.16}$$

式中　m_W——土样所需加水质量，g；

m——风干含水率的土样质量，g；

ω_0——风干含水率，%；

ω——土样所要求的含水率，%。

b. 重型击实实验过 20mm 筛，将筛下土样拌匀，并测定土样的风干含水率。按依次相差约 2% 的含水率制备一组（不少于 5 个）试样，其中至少有 3 个含水率小于塑限的试样，然后按式（9.16）计算加水量。

c. 将一定量土样平铺于不吸水的盛土盘内（轻型击实取土样约 2.5kg，重型击实取土样约 5.0kg），按预定含水率用喷水设备往土样上均匀喷洒所需加水量，拌匀并装入塑料袋内或密封于盛土器内静置备用。静置时间分别为：高液限黏土（CH）不得少于 24h，低液限黏土（CL）可酌情缩短，但不应少于 12h。

② 湿法制备。取天然含水率的代表性土样（轻型为 20kg，重型为 50kg）碾散，按重型和轻型击实要求过筛，将筛下土样拌匀，分别风干或加水到所要求的不同含水率。制备试样时必须使土样中含水率分布均匀。

（2）试样击实

① 将击实仪放在坚实的地面上，击实筒内壁和底板涂一薄层润滑油，连接好击实筒与底板，安装好护筒。检查仪器各部件及配套设备的性能是否正常，并做好记录。

② 从制备好的一份试样中称取一定量土料，分 3 层或 5 层倒入击实筒内并将土面整平，分层击实。对于分 3 层击实的轻型击实法，每层土料的质量为 600～800g（其量应使击实后试样的高度略高于击实筒的 1/3），每层 25 击；对于分 5 层击实的重型击实法，每层土料的质量宜为 900～1100g（其量应使击实后的试样高度略高于击实筒的 1/5），每层 56 击。如为手工击实，应保证使击锤自由铅直下落，锤击点必须均匀分布于土面上；如为机械击实，可将定数器拨到所需的击数处，按动电钮进行击实。重型击实实验应保证作用到击实筒中央土层上的功能与周围土层相等（击实仪中心点每圈加一击）。击实后的每层试样高度应大致相等，两层交接面的土面应刨毛。击实完成后，超出击实筒顶的试样高度应小于 6mm。

③ 用修土刀沿护筒内壁削挖后，扭动并取下护筒，测出超高（应取多个测值的平均值，精确至 0.1mm）。沿击实筒顶细心修平试样，拆除底板。如试样底面超出筒外，亦应修平。擦净筒外壁，称量筒与试样的总质量，精确至 1g，并计算试样的湿密度 ρ。

④ 用推出器从击实筒内推出试样，从试样中心处取 2 个一定量土料（轻型为 15～30g，重型为 50～100g）平行测定土的含水率，称量精确至 0.01g，含水率的平行误差不得超过 1%。

⑤ 按上述规定对其他含水率的土样进行击实。一般不重复使用土样。

9.7.5 实验结果计算及制图

（1）计算

① 按下式计算击实后各试样的含水率。

$$\omega = \left(\frac{m - m_d}{m_d}\right) \times 100\%$$ (9.17)

式中 ω——含水率，%；

  m——湿土质量，g；

  m_d——干土质量，g。

② 按下式计算击实后各试样的干密度。

$$\rho_{\mathrm{d}} = \frac{\rho}{1 + 0.01\omega} \tag{9.18}$$

式中 ρ_{d}——干密度，$\mathrm{g/cm^3}$，精确至 $0.01\mathrm{g/cm^3}$；

ρ——湿密度，$\mathrm{g/cm^3}$；

ω——含水率，%。

③ 按下式计算土的饱和含水率。

$$\omega_{\mathrm{sat}} = \left(\frac{\rho_{\mathrm{w}}}{\rho_{\mathrm{d}}} - \frac{1}{G_{\mathrm{S}}} \right) \times 100\% \tag{9.19}$$

式中 ω_{sat}——饱和含水率，%；

G_{S}——土粒相对密度；

ρ_{w}——水的密度，$\mathrm{g/cm^3}$。

（2）制图

① 以干密度为纵坐标，含水率为横坐标，绘制干密度与含水率的关系曲线。曲线上峰值点的纵、横坐标分别代表土的最大干密度 ρ_{dmax} 和最优含水率 ω_{op}。如果曲线不能给出峰值点，应进行补点实验。

② 按上述公式计算数个干密度下土的饱和含水率。以干密度为纵坐标，含水率为横坐标，在图上绘制饱和曲线，如图9-10所示。

③ 校正。轻型击实实验中，当粒径大于 5mm 的颗粒含量小于 30% 时，应按下式计算校正后的最大干密度。

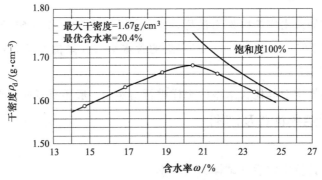

图 9-10 ρ_{d}-ω 关系曲线

$$\rho'_{\mathrm{dmax}} = \frac{1}{\dfrac{1-P}{\rho_{\mathrm{dmax}}} + \dfrac{P}{G_{\mathrm{S2}}\rho_{\mathrm{w}}}} \tag{9.20}$$

式中 ρ'_{dmax}——校正后的最大干密度，$\mathrm{g/cm^3}$，精确至 $0.01\mathrm{g/cm^3}$；

ρ_{dmax}——粒径小于5mm试样的最大干密度，g/cm^3；

ρ_W——水的密度，g/cm^3；

P——粒径大于5mm颗粒的含量（用小数表示）；

G_{S2}——粒径大于5mm颗粒的干相对密度。

轻型击实实验中，当粒径大于5mm的颗粒含量小于30%时，应按下式计算校正后的最优含水率。

$$\omega'_{op} = \omega_{op}(1+P) + P\omega_2 \qquad (9.21)$$

式中　ω'_{op}——校正后的最优含水率，%，精确至0.01%；

ω_{op}——粒径小于5mm试样的最优含水率，%；

ω_2——粒径大于5mm颗粒的吸着含水率，%。

9.7.6 实验结果记录

本实验记录格式如表9-9所示。

表9-9　击实实验记录表

实验序号	干密度					含水率						
	筒加土质量/g	筒质量/g	湿土质量/g	密度/(g/cm^3)	干密度/(g/cm^3)	盒号	盒加湿土质量/g	盒加干土质量/g	盒质量/g	湿土质量/g	干土质量/g	含水率/%	平均含水率/%
	(1)	(2)	(3)	(4)	(5)		(6)	(7)	(8)	(9)	(10)	(11)	(12)
			(1)－(2)	$\frac{(3)}{V}$	$\frac{(4)}{1+0.01(12)}$					(6)－(8)	(7)－(8)	$\left(\frac{(9)}{(10)}-1\right) \times 100\%$	
	最大干密度：　　　g/cm^3					最优含水率：　　　%				饱和度：　　　%			
	大于5mm颗粒含量：　　%					校正后最大干密度：　　　g/cm^3				校正后最优含水率：　　　%			

9.8　土的渗透实验（常水头渗透实验）

9.8.1 实验目的及适用范围

常水头渗透实验适用于砂类土和含有少量砾石的无凝聚性土，目的是测定土的渗透系数。

实验用水应采用实际作用于土中的天然水。如有困难，允许用纯水或经过滤的清水。在实验前必须用抽气法或煮沸法进行脱气（包括天然水）。实验时的水温宜高于室温 3～4℃。

9.8.2 依据的规范标准

实验依据 JTG 3430—2020（T 0129—1993）进行。

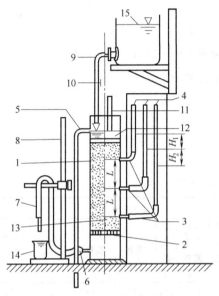

图 9-11 常水头渗透仪装置
1—金属圆筒；2—金属孔板；3—测压孔；
4—玻璃测压管；5—溢水孔；6—渗水孔；
7—调节管；8—滑动支架；9—供水管；
10—止水夹；11—温度计；12—砾石层；
13—试样；14—量杯；15—供水瓶

9.8.3 主要仪器设备

① 常水头渗透仪（70 型渗透仪）：封底圆筒的尺寸参数应符合 GB/T 15406—2007《岩土工程仪器基本参数及通用技术条件》的规定；当使用其他尺寸的圆筒时，圆筒内径应大于试样最大粒径的 10 倍。玻璃测压管内径为 0.6cm，分度值为 0.1cm。仪器装置如图 9-11 所示。

② 天平：称量 5000g，分度值 1.0g。

③ 温度计：分度值 0.5℃。

④ 其他：木锤、秒表等。

9.8.4 实验方法步骤

① 按图 9-11 所示装好仪器，并检查各管路接头处是否漏水。将调节管与供水管连通，由仪器底部充水至水位略高于金属孔板，关止水夹。

② 取具有代表性的风干试样 3～4kg，称量精确至 1.0g，并测定试样的风干含水率。

③ 将试样分层装入圆筒，每层厚 2～3cm，用木锤轻轻击实到一定厚度，以控制其孔隙比。如试样含黏粒较多，应在金属孔板上加铺厚约 2cm 的粗砂缓冲层，防止实验时细料流失，并量出过渡层厚度。

④ 每层试样装好后，连接供水管和调节管，并由调节管中进水，微开止水夹，使试样逐渐饱和。当水面与试样顶面齐平，关止水夹。饱和时水流不应过急，以免冲动试样。

⑤ 依上述步骤逐层装试样，至试样高出上测压孔 3～4cm 止。在试样上端铺厚约 2cm 砾石作缓冲层。待最后一层试样饱和后，继续使水位缓缓上升至溢水孔。当有水溢出时，关止水夹。

⑥ 试样装好后量测试样顶部至仪器上口的剩余高度，计算试样净高。称剩余试样质量（精确至 1.0g），计算装入试样总质量。

⑦ 静置数分钟后，检查各测压管水位是否与溢水孔齐平。如不齐平，说明试样中或测压管接头处有集气阻隔，用吸水球进行吸水排气处理。

⑧ 提高调节管使其高于溢水孔，然后将调节管与供水管分开，并将供水管置于金属圆筒内。开止水夹，使水由上部注入金属圆筒内。

⑨ 降低调节管口，使其位于试样上部 1/3 处，造成水位差，水即渗过试样，经调节管流出。在渗透过程中应调节供水管夹，使供水管流量略多于溢出水量。溢水孔应始终有余水溢出，以保持水位不变。

⑩ 测压管水位稳定后，记录测压管水位，计算各测压管间的水位差。

⑪ 开动秒表，同时用量筒接取经一定时间的渗透水量，并重复 1 次。接取渗透水量时，调节管口不可没入水中。

⑫ 测记进水与出水处的水温，取平均值。

⑬ 降低调节管管口至试样中部及下部 1/3 处，以改变水力坡降，按上述步骤重复进行测定。

⑭ 根据需要，可装数个不同孔隙比的试样，进行渗透系数的测定。

9.8.5 实验结果计算及制图

① 按下列公式计算试样的干密度 ρ_d 及孔隙比 e。

$$m_d = \frac{m}{1+0.01\omega} \tag{9.22}$$

$$\rho_d = \frac{m_d}{Ah} \tag{9.23}$$

$$e = \frac{\rho_w G_S}{\rho_d} - 1 \tag{9.24}$$

式中　m_d——试样干质量，g；

　　　m——风干试样总质量，g；

　　　ω——风干含水率，%；

　　　ρ_d——试样干密度，g/cm^3；

　　　A——试样断面积，cm^2；

　　　h——试样高度，cm；

　　　e——试样孔隙比；

　　　G_S——土粒相对密度。

② 按下列公式计算渗透系数 k_T 及 k_{20}。

$$k_T = \frac{QL}{AHt} \tag{9.25}$$

$$k_{20} = k_T \frac{\eta_T}{\eta_{20}} \tag{9.26}$$

式中　k_T——水温 T 时试样的渗透系数，cm/s；

　　　Q——时间 t 内的渗透水量，cm^3；

　　　L——两测压孔中心间的试样高度，10cm；

　　　H——平均水位差，cm；

　　　t——时间，s；

　　　k_{20}——标准温度（20℃）时试样的渗透系数，cm/s；

　　　η_T——水温 T 时水的动力黏滞系数，kPa·s；

　　　η_{20}——20℃时水的动力黏滞系数，kPa·s。

　　式（9.26）中比值 η_T/η_{20} 与温度的关系见表 9-10。

表 9-10　水的动力黏滞系数、黏滞系数比与温度的关系

温度 T/℃	动力黏滞系数 $\eta_T/\times 10^{-6}$(kPa·s)	η_T/η_{20}	温度 T/℃	动力黏滞系数 $\eta_T/\times 10^{-6}$(kPa·s)	η_T/η_{20}	温度 T/℃	动力黏滞系数 $\eta_T/\times 10^{-6}$(kPa·s)	η_T/η_{20}
5.0	1.516	1.501	13.0	1.206	1.194	21.0	0.986	0.976
5.5	1.498	1.478	13.5	1.188	1.176	21.5	0.974	0.964
6.0	1.470	1.455	14.0	1.175	1.168	22.0	0.968	0.958
6.5	1.449	1.435	14.5	1.160	1.148	22.5	0.952	0.943
7.0	1.428	1.414	15.0	1.144	1.133	23.0	0.941	0.932
7.5	1.407	1.393	15.5	1.130	1.119	24.0	0.919	0.910
8.0	1.387	1.373	16.0	1.115	1.104	25.0	0.899	0.890
8.5	1.367	1.353	16.5	1.101	1.090	26.0	0.879	0.870
9.0	1.347	1.334	17.0	1.088	1.077	27.0	0.859	0.850
9.5	1.328	1.315	17.5	1.074	1.066	28.0	0.841	0.833
10.0	1.310	1.297	18.0	1.061	1.050	29.0	0.823	0.815
10.5	1.292	1.279	18.5	1.048	1.038	30.0	0.806	0.798
11.0	1.274	1.261	19.0	1.035	1.025	31.0	0.789	0.781
11.5	1.256	1.243	19.5	1.022	1.012	32.0	0.773	0.765
12.0	1.239	1.227	20.0	1.010	1.000	33.0	0.757	0.750
12.5	1.223	1.211	20.5	0.998	0.988	34.0	0.742	0.735
						35.0	0.727	0.720

　　③ 在测得的结果中取 3～4 个在允许差值范围以内的数值，求其平均值，作为

试样在该孔隙比 e 时的渗透系数（允许差值不大于 2×10^{-6} cm/s）。

④ 当进行不同孔隙比下的渗透实验时，可在半对数坐标上绘制以孔隙比为纵坐标，渗透系数为横坐标的 e-k 关系曲线图，如图 9-12 所示。

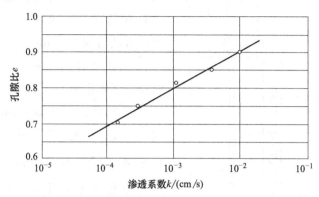

图 9-12　孔隙比与渗透系数关系曲线

9.8.6　实验结果记录

本实验记录格式如表 9-11 所示。

表 9-11　常水头渗透实验记录表

实验次数	经过时间 t/s	测压管水位/cm			水位差 H/cm			渗出水量 Q /cm^3	渗透系数 k_T /(cm/s)	水温 T /℃	校正系数 $\dfrac{\eta_T}{\eta_{20}}$	渗透系数 k_{20} /(cm/s)	平均渗透系数 /(cm/s)
		Ⅰ	Ⅱ	Ⅲ	H_1	H_2	平均						
	(1)	(2)	(3)	(4)	(5)	(6)	(7)	(9)	(10)	(11)	(12)	(13)=(10)×(12)	
1													
2													
3													
4													

9.9　土的渗透实验（变水头渗透实验）

9.9.1　实验目的及适用范围

本实验方法适用于细粒土。本实验采用蒸馏水，应在实验前用抽气法或煮沸法进行脱气。实验时的水温宜高于室温 3~4℃。

9.9.2　依据的规范标准

实验依据 JTG 3430—2020（T 0130—2007）进行。

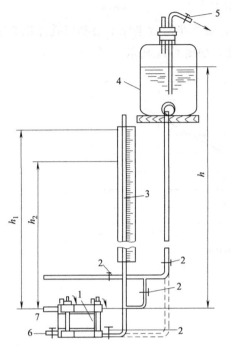

图 9-13 变水头渗透装置示意图

1—渗透容器；2—进水管止水夹；3—变水头管；
4—供水瓶；5—接水源管；6—排气管；7—出水管

9.9.3 仪器设备

① 变水头渗透装置：55 型，如图 9-13 所示。变水头管的内径，根据试样渗透系数选择不同尺寸，长度为 1.0m 以上，分度值为 1.0mm。

② 渗透容器：由环刀、透水板、套筒及上下盖组成。

③ 其他：切土器、100mL 量筒、秒表、温度计、削土刀、凡士林等。

9.9.4 实验方法步骤

① 根据需要用环刀在垂直或平行土样层面切取原状试样或扰动土制备成给定密度的试样，并进行充分饱和。切土时，应尽量避免结构扰动，并禁止用削土刀反复涂抹试样表面。

② 将容器套筒内壁涂一薄层凡士林，然后将盛有试样的环刀推入套筒，并压入止水垫圈。把挤出的多余凡士林小心刮净。装好带有透水板的上下盖，并用螺丝拧紧，不得漏气漏水。

③ 把装好试样的渗透容器与变水头管连通。利用供水瓶中的水充满进水管，并注入渗透容器。开排气阀，将容器侧立，排除渗透容器底部的空气，直至溢出水中无气泡。关排气阀，放平渗透容器。

④ 在一定水头作用下静置一段时间，待出水管口有水溢出时，再开始进行实验测定。

⑤ 将水头管充水至需要高度后，关止水夹，开动秒表，同时测记起始水头 h_1 和经过时间 t 后的终了水头 h_2。如此连续测记 2～3 次后，再使水头管水位回升至需要高度，再连续测记数次，需 6 次以上，实验终止，同时测记实验开始时与终止时的水温。

9.9.5 实验结果计算

① 按下式计算渗透系数。

$$k_T = 2.3 \frac{aL}{At} \lg \frac{h_1}{h_2} \tag{9.27}$$

式中　a——变水头管内径，cm；

L——试样高度，cm；

h_1——起始水头高度，cm；

h_2——终止水头高度，cm；

A——渗透试样的截面积，cm²；

t——水头变化的时间，s。

② 按下式计算水温 T 时的渗透系数。

$$k_{20} = k_T \frac{\eta_T}{\eta_{20}} \tag{9.28}$$

式中　k_T——水温 T 时试样的渗透系数，cm/s；

k_{20}——标准温度（20℃）时试样的渗透系数，cm/s；

η_T——水温 T 时水的动力黏滞系数，kPa·s；

η_{20}——20℃时水的动力黏滞系数，kPa·s。

比值 η_T / η_{20} 与温度的关系见表 9-10。

9.9.6　实验结果记录

本实验记录形式如表 9-12 所示。

表 9-12　变水头渗透实验记录表

实验次数	开始时间 /s	终了时间 /s	经过时间 /s	开始水头 /cm	终了水头 /cm	渗透系数 /(cm/s)	水温 /℃	校正系数 $\frac{\eta_T}{\eta_{20}}$	水温 20℃渗透系数 /(cm/s)	平均渗透系数 /(cm/s)
	(1)	(2)	(3)=(2)−(1)	(4)	(5)	(6)	(7)	(8)	(9)=(6)×(8)	
1										
2										

9.10　三轴压缩实验

9.10.1　实验简介

① 三轴压缩实验是测定土的抗剪强度的一种方法，它通常用 3～4 个圆柱形试样，分别在不同的恒定周围压力（即小主应力 σ_3）下，施加轴向压力［即产生主应力差 $(\sigma_1 - \sigma_3)$］，进行剪切直至破坏；然后根据莫尔-库仑定律，求得抗剪强度参数。

② 本实验用于测定细粒土和砂类土的总抗剪强度参数和有效抗剪强度参数。

根据排水条件的不同，本实验分为不固结不排水（UU）、固结不排水（CU）和固结排水（CD）等3种实验类型。

不固结不排水（UU）实验是在施加周围压力和增加轴向压力直至破坏过程中均不允许试样排水。本实验可以测得总抗剪强度参数 C_u、φ_u。

固结不排水（CU）实验是试样先在某一周围压力作用下排水固结，然后在保持不排水的情况下，增加轴向压力直至破坏。本实验可以测得总抗剪强度参数 C_{cu}、φ_{cu} 或有效抗剪强度参数 C'、φ' 和孔隙压力系数。

固结排水（CD）实验是试样先在某一周围压力作用下排水固结，然后在允许试样充分排水的情况下增加轴向压力直到破坏。本实验可以测得有效抗剪强度参数 C_d、φ_d 和变形参数。

9.10.2 依据的规范标准

《土工试验方法标准》（GB/T 50123—2019）、《公路土工试验规程》（JTG 3430—2020)、《应变控制式三轴仪校验方法》（SL 118—2014)、《岩土工程仪器基本参数及通用技术条件》（GB/T 15406—2007)。

9.10.3 主要仪器设备

① 应变控制式三轴仪：如图9-14所示，有反压力控制系统、周围压力控制系统、压力室、孔隙水压力量测系统、试验机等。

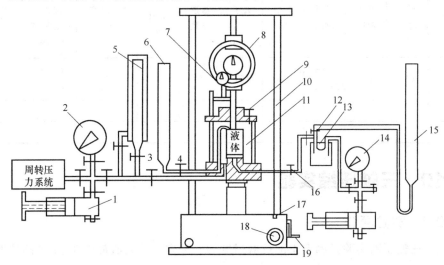

图 9-14 应变控制式三轴仪

1—调压筒；2—周围压力表；3—周围压力阀；4—排水阀；5—体变管；6—排水管；7—变形量表；

8—量力环；9—排气孔；10—轴向加压设备；11—压力室；12—量管阀；13—零位指示器；

14—孔隙压力表；15—量管；16—孔隙压力阀；17—离合器；18—手轮；19—马达

② 附属设备：部分设备如图 9-15、图 9-16、图 9-17 所示，原状土分样器、切土盘、切土器、击样器、对开圆模、承膜筒、饱和器。

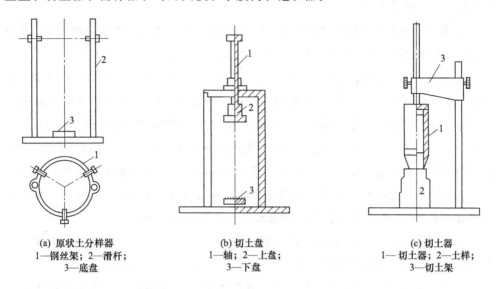

(a) 原状土分样器
1—钢丝架；2—滑杆；
3—底盘

(b) 切土盘
1—轴；2—上盘；
3—下盘

(c) 切土器
1—切土器；2—土样；
3—切土架

图 9-15　原状土分样器、切土盘和切土器

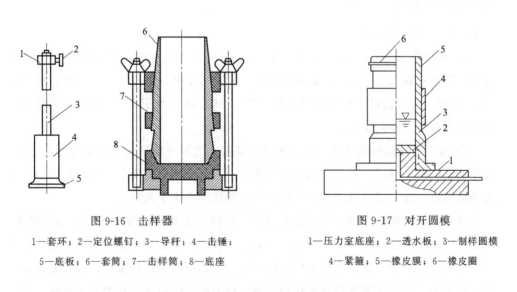

图 9-16　击样器

1—套环；2—定位螺钉；3—导杆；4—击锤；
5—底板；6—套筒；7—击样筒；8—底座

图 9-17　对开圆模

1—压力室底座；2—透水板；3—制样圆模；
4—紧箍；5—橡皮膜；6—橡皮圈

③ 天平：称量 200g，分度值 0.01g；称量 1000g，分度值 0.1g；称量 5000g，分度值 1g。

④ 量表：量程 30mm，分度值 0.01mm。

⑤ 橡皮膜：对直径 39.1mm 和 61.8mm 的试样，橡皮膜厚度以 0.1～0.2mm 为宜；对直径 101mm 的试样，橡皮膜厚度以 0.2～0.3mm 为宜。

9.10.4 实验方法步骤

9.10.4.1 检查仪器

① 周围压力的测量准确度要求达到最大压力的 1%，根据试样的强度大小，选择不同量程的测力计（量力环或压力传感器），使最大轴向压力的精确度不小于 0.1%。

② 孔隙水压力测量系统的气泡应完全排除，首先将零位指示器中水银移入储槽内，提高量管水头，将孔隙水压力阀及量管阀打开，脱气水自量筒向试样座溢出，排出其中气泡，或者关闭孔隙压力阀及量管阀，用调压筒加大压力至 0.5MPa，使气泡溶于水，然后迅速打开孔隙水压力阀，使压力水从试样底座溢出，将气泡带走。如此重复数次，即可达到排气的目的。排气完毕后关闭孔隙水压力阀及量管阀，从储槽中移回水银，然后用调压筒施加压力，要求整个孔隙压力系统在 0.5MPa 压力下，零位指示器的毛细管水银上升不超过 3mm。

③ 检查排水管路是否通畅，活塞在轴套内滑动是否正常，连接处有无漏水现象。检查完毕后，关闭周围压力阀、孔隙水压力阀和排水阀以备使用。

④ 检查橡皮膜是否漏气，其方法是扎紧两端，向膜内充气，在水中检查，应无气泡溢出即可使用。

9.10.4.2 制备试样

① 本实验方法采用的试样直径为 39.1mm，对于有裂缝、软弱面和构造面的试样，其直径宜大于 60mm，如 61.8mm。试样高径比为 2~2.5，当试样直径小于 100mm 时，允许的最大粒径为试样的 1/10，试样直径大于 100mm 时，则允许最大粒径为试样直径的 1/5。

② 对于较软弱原状土样，先用钢丝锯或削土刀取一块稍大于规定尺寸的土柱，放在切土盘的上下圆盘之间，用钢丝锯或削土刀紧靠侧板，由上往下细心切削，同时转动圆盘，直到试样被削成规定的直径，然后削平上下两端。

对于坚硬的原状土样，先用削土刀取一块稍大于规定尺寸的土柱，两端削平，按试样所要求的层次方向，平放在切土架上。在切土器内壁上涂上薄层凡士林，切土器刃口向下对准土样，切削土样边压切土器，切完后将试样取出，并按要求高度将两端削平。试样切削时应避免扰动，当试样表面有砾石而成孔洞或凹坑时，允许用余土填补。

③ 对于扰动的黏性土土样，先将土样风干或烘干，在橡皮板上用木碾碾散，然后按预定的干密度和含水率备样。将准备好的试样在击样器内分层击实，粉土宜分 3~5 层，黏土宜分 5~8 层，各层土样数量应相等，各层接触面应刨毛。击完最后一层，将击样器内的试样两端整平并取出试样。

④ 将削好的试样称量，用卡尺测量试样平均直径。

⑤ 扰动试样的制备应先在压力室底座上依次放上不透水板、橡皮膜和对开圆模。根据试样的干密度和试样体积，称取所需的质量，分 3 等份，将每份填入橡皮膜内，填至该层要求的高度，依次填入第二层、第三层，直至膜内填满为止。如果是制备饱和试样，分成 3 份后，需要在水中煮沸后冷却。装样时，放好对开圆模后，在模内注入纯水至试样高度的 1/3，然后将冷却的试样按预定的干密度填入橡皮膜内，直至膜内填满为止。当要求的干密度较大时，填料的过程中可轻轻敲打对开圆模，使试样填满至规定的体积。最后，整平表面，放上不透水板或透水板和试样帽，扎紧橡皮膜。对试样内部施加 5kPa 的负压力使试样能站立，拆除对开圆模。

9.10.4.3 试样饱和

根据土的性质和状态及对饱和度的要求，可采用不同的方法进行试样饱和，如抽气饱和法、水头饱和法和反压力饱和法等。

(1) 抽气饱和法

将装有试样的饱和器放入真空缸内，真空缸与盖之间涂抹一薄层凡士林并盖紧。将真空缸与抽气机接通，启动抽气机，当真空表读数接近当地一个大气压时，继续抽气维持稳定真空度 0.5h（密实黏土要持续抽气 2h 以上）。微开管夹使水徐徐注入真空缸，并保持真空表读数不变，待水浸没试样，停止注水并关闭抽气机，静置 10h 以上。

(2) 水头饱和法

将不贴滤纸的试样装入压力室，并施加 20kPa 的周围压力。提高试样底部量管水位，降低试样顶部量管水位，使两量管水位差在 1m 左右，打开孔隙水压力阀、量管阀和排水管阀，使纯水从底部进入试样，从顶部溢出，直至流入的水量和溢出的水量相等为止。若要提高饱和度，可在水头饱和前，以 5kPa～10kPa 压力从底部通入二氧化碳气体以置换孔隙中的空气，而后再进行水头饱和。

(3) 反压力饱和法

试样要求完全饱和时，应施加反压力。反压力系统与周围压力系统相同（对不固结不排水实验可用同一套设备），但应用双层体变管代替排水量管。具体操作步骤是，待试样装好后，调节孔隙水压力等于大气压力，关闭孔隙水压力阀、反压力阀、体变管阀，测记体变管读数。施加 20kPa 的周围压力，打开孔隙水压力阀，待孔隙水压力变化稳定，测记读数，关闭孔隙水压力阀。为减少土样扰动，以 30kPa 的增量分级施加反压力和周围压力。开体变管阀和反压力阀，同时施加周围压力和反压力，缓慢打开孔隙水压力阀，检查孔隙水压力增量，待其稳定后测记孔隙水压力和体变管读数，再施加下一级周围压力和反压力。计算每级周围压力引起的孔隙水压力增量，当此增量大于周围压力增量的 0.98 倍时，认为试样饱和。

9.10.4.4　不固结不排水实验（加围压后不固结立即剪切）

（1）安装试样

① 在压力室底座上依次放上不透水圆板、试样和不透水试样帽。将橡皮膜套在承膜筒内，两端翻过来，从吸嘴吸气，使膜紧贴承膜筒内壁，然后套在试样外，放气，翻起橡皮膜，取出承膜筒，用橡皮圈将橡皮膜分别扎紧在试样底座和试样帽上。

② 将压力室罩顶部活塞杆提高（防止碰撞试样），放下压力室罩，将活塞杆对准试样帽中心，并均匀地拧紧底座连接螺母。拧开压力室顶部的排气孔，向压力室内注满纯水，接近注满时，降低进水速度，待排气孔有水溢出时，拧紧排气孔，并将活塞杆对准测力计和试样顶部。

③ 将离合器调至粗位，转动粗位手轮，当试样帽与活塞杆和测力计接近时，将离合器调至细位，改用细位手轮，使试样帽与活塞杆和测力计接触（测微表有微动时，表示已经接触），装上变形指示计，并将测力计和变形指示计调至零位。

④ 打开周围压力阀，施加所需的周围压力。周围压力大小应与工程的实际荷重相适应，并尽可能使最大周围压力与土体的最大实际荷重大致相等。一般可按 100kPa、200kPa、300kPa、400kPa 施加。

（2）试样剪切

① 开动电动机，合上离合器开始剪切，剪切应变速率宜为 0.5%～1.0%/min。开始阶段，试样每产生 0.3%～0.4% 的轴向应变（或 0.2mm 的轴向变形），测记一次测力计读数和轴向变形值。当轴向应变大于 3% 时，试样每产生 0.7%～0.8% 的轴向应变（或 0.5mm 的轴向变形），测记一次测力计读数和轴向变形值。当接近峰值时应加密读数。如试样特别脆硬或软弱，可酌情加密或减少测读次数。

② 当测力计读数出现峰值时，剪切应继续进行到轴向应变达 15%。若测力计读数无明显减少，轴向应变达到 20% 后停止实验。

③ 实验结束后，关闭电动机，关周围压力阀，脱开离合器。将离合器调至粗位，倒转手轮，将压力室降下，然后打开排气孔，排出压力室内的水，拆除压力室罩，擦干试样周围的余水，脱去试样外的橡皮膜，描述破坏后形状，称试样质量，测定试样含水率。对其余几个试样，在不同周围压力下按上述步骤进行剪切实验。

9.10.4.5　固结不排水实验

（1）试样安装

① 打开孔隙水压力阀和量管阀，对孔隙水压力系统和压力室底座充水排气，关闭孔隙水压力阀和量管阀。在压力室底座上依次放上透水板、湿滤纸、试样、透水板，在试样周围贴上 7～9 条宽 6mm 左右的浸湿滤纸条，滤纸条两端与透水板

连接。借助承膜筒将橡皮膜套在试样外，并用橡皮圈将橡皮膜下端与底座扎紧。

② 打开孔隙压力阀及量管阀，使水缓慢地从试样底部流入，排除试样与橡皮膜之间的气泡，然后关闭孔隙水压力阀和量管阀。

③ 打开排水阀，使试样帽充水，放在试样顶端的透水板上，将橡皮膜扎紧在试样帽上。

④ 降低排水管，使管内水面位于试样中心以下 20～40cm，吸出试样与橡皮膜之间的余水，并关排水阀。

⑤ 压力室罩安装、充水及测力计调整的方法见不固结不排水实验。

（2）排水固结

① 调节排水管，使管内水面与试样高度的中心位置齐平，测记排水管内的读数。

② 开孔隙水压力阀，使孔隙水压力等于大气压，关闭孔隙水压力阀，记下初始读数。如果需要对试样进行完全饱和，可以施加反压力，采用反压法进行饱和。

③ 将孔隙水压力调至接近周围压力值，施加周围压力后，再打开孔隙水压力阀，待孔隙水压力稳定，测定孔隙水压力值。该读数减去孔隙水压力初始读数就是周围压力下试样的起始孔隙水压力值。

④ 打开排水阀，进行排水固结。当需要测定排水过程时，按下列时间顺序测记固结排水管水面及孔隙水压力读数。时间为 0s、15s、1min、2min、4min、6min、9min、12min、16min、20min、25min、35min、45min、60min、90min、2h、4h、10h、23h、24h，直至固结度至少应达到 95%（随时绘制排水量的关系曲线，或孔隙水压力消散度的曲线）。在整个实验过程中，排水管水面应置于试样中心高度处。

⑤ 固结完成后，转动细调手轮，活塞杆与试样接触（测力计开始微动），此时轴向变形指示计的变化值为试样固结时的高度变化，并计算出固结后试样高度。然后将测力计、轴向变形计和孔隙水压力计均调整至零。

（3）试样剪切

① 开动电动机，合上离合器进行剪切。对于固结不排水实验，需要先关闭排水阀，剪切应变速率黏性土为 0.05%～0.1%/min，粉土为 0.1%～0.5%/min。开始阶段，试样每产生 0.3%～0.4% 的轴向应变（或 0.2mm 的轴向变形），测记一次测力计、轴向变形、孔隙水压力读数。当轴向应变大于 3% 时，试样每产生 0.7%～0.8% 的轴向应变（或 0.5mm 的轴向变形），测记一次读数即可。当接近峰值时应加密读数。如试样特别脆硬或软弱，可酌情加密或减少测读次数。

② 当测力计读数出现峰值时，剪切应继续进行到轴向应变达 15%。若测力计读数无明显减少，轴向应变达到 20% 后可停止实验。

③ 实验结束后，关电动机，关闭各阀门，脱开离合器，将离合器调至粗位，转动粗调手轮，将压力室降下，打开排气孔，排出压力室内的水，拆卸压力室罩，拆除试样。

9.10.4.6 固结排水实验（CD 实验）

（1）试样安装

试样安装实验步骤同固结不排水实验。

（2）排水固结

排水固结实验步骤同固结不排水实验。

（3）试样剪切

① 试验机的电动机启动之前，应按表 9-13 中的规定将各阀门关闭或开启。

表 9-13　各阀门开关状态

实验方法	体变管阀	排水管阀	周围压力阀	孔隙压力阀	量管阀
UU 实验	关	关	开	关	关
CU 实验	关	关	开	关	关
CD 实验	开	开	开	开	关

② 试样的剪切应变速率按表 9-14 中的规定选择。

表 9-14　剪切应变速率表

实验方法	剪切应变速率/（%/min）
UU 实验	0.5～1.0
CU 实验	0.05～0.1
CD 实验	0.003～0.012

③ 开动电动机，合上离合器，进行剪切。开始阶段，试样每产生轴向应变 0.3%～0.4%测记测力计读数和轴向位移计读数各 1 次。当轴向应变达 3%以后，读数间隔可延长为 0.7%～0.8%各测记 1 次。当接近峰值时应加密读数。如果试样为特别硬脆或软弱的土，可酌情加密或减少回读的次数。

④ 当出现峰值后，再继续剪 3%～5%轴向应变；若测力计读数无明显减少，则剪切至轴向应变达 15%～20%。

⑤ 实验结束后关闭电动机，关周围压力阀，CD 实验则应关闭孔隙压力阀和体变管阀。然后拔出离合器，倒转手轮，开排气孔，排去压力室内的水，拆除压力室罩，擦干试样周围的余水，脱去试样外的橡皮膜，描述破坏后形状，称试样质量，测定实验后含水率。

对于 39.1mm 直径的试样，宜取整个试样烘干；61.8mm 和 101mm 直径的试样允许切取剪切面附近有代表性的部分土样烘干。

⑥ 对其余几个试样，在不同周围压力下以同样的剪切应变速率进行实验。

9.10.5 实验结果计算及制图

（1）计算

试样的高度、面积、体积及剪切时的面积计算公式列于表 9-15 中。

按下式计算主应力差（$\sigma_1 - \sigma_3$）。

$$(\sigma_1 - \sigma_3) = \frac{CR}{A_a} \times 10 \tag{9.29}$$

式中 σ_1——大主应力，kPa；

σ_3——小主应力，kPa；

C——测力计率定系数，N/0.01mm；

R——测力计读数，0.01mm；

A_a——试样剪切时的面积，cm^2。

按下式计算有效主应力比 σ_1'/σ_3'。

$$\frac{\sigma_1'}{\sigma_3'} = \frac{(\sigma_1' - \sigma_3')}{\sigma_3'} + 1 \tag{9.30}$$

$$\sigma_1' = \sigma_1 - u$$

$$\sigma_3' = \sigma_3 - u$$

式中 σ_1'、σ_3'——有效大主应力和有效小主应力，kPa；

σ_1、σ_3——大主应力与小主应力，kPa；

u——孔隙水压力，kPa。

按下式计算孔隙压力系数 B 和 A。

$$B = \frac{u}{\sigma_3} \tag{9.31}$$

$$A = \frac{u_d}{B(\sigma_1 - \sigma_3)} \tag{9.32}$$

式中 u——试样在周围压力下产生的初始孔隙压力，kPa；

u_d——试样在主应力差（$\sigma_1 - \sigma_3$）下产生的孔隙压力，kPa。

表 9-15   高度、面积、体积计算表

项目	起始	固结后		剪切时校正值
		按实测固结下沉	等应变简化式	
试样高度 /cm	h_0	$h_c = h_0 - \Delta h_c$	$h_c = h_0 \times \left(1 - \dfrac{\Delta V}{V_0}\right)^{1/3}$	

149

项目	起始	固结后		剪切时校正值
		按实测固结下沉	等应变简化式	
试样面积 /cm^2	A_0	$A_c = \dfrac{V_0 - \Delta V}{h_c}$	$A_c = A_0 \times \left(1 - \dfrac{\Delta V}{V_0}\right)^{2/3}$	$A_a = \dfrac{A_0}{1 - 0.01\varepsilon_1}$ （不固结不排水） $A_a = \dfrac{A_c}{1 - 0.01\varepsilon_1}$ （固结不排水） $A_a = \dfrac{V_c - \Delta V_i}{h_c - \Delta h_i}$ （固结排水）
试样体积 /cm^3	V_c	$V_c = h_c A_c$		

注：Δh_c——固结下沉量，由轴向位移计测得，cm；

  ΔV——固结排水量（试样固结后与固结前的体积变化），cm^3；

  ΔV_i——剪切时的试样体积变化，按体变管或排水管读数求得，cm^3；

  ε_1——轴向应变，%（不固结不排水中的 ε_1 等于 $\dfrac{\Delta h_i}{h_0}$，固结不排水及固结排水中的 ε_1 等于 $\dfrac{\Delta h_i}{h_c}$）；

  Δh_i——试样剪切时高度变化，由轴向位移计测得，cm，为方便起见，可预先绘制 ΔV-h_c 及 ΔV-A_c 的关系线备用。

（2）制图

根据需要分别绘制主应力差（$\sigma_1 - \sigma_3$）与轴向应变 ε_1 的关系曲线，见图 9-18；有效主应力比 σ_1'/σ_3' 与轴向应变 ε_1 的关系曲线，见图 9-19；孔隙水压力 u 与轴向应变 ε_1 的关系曲线，见图 9-20；用 $\dfrac{\sigma_1' - \sigma_3'}{2}\left(\dfrac{\sigma_1 - \sigma_3}{2}\right)$ 与 $\dfrac{\sigma_1' + \sigma_3'}{2}\left(\dfrac{\sigma_1 + \sigma_3}{2}\right)$ 作坐标的应力路径关系曲线，见图 9-21。

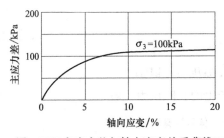

图 9-18　主应力差与轴向应变关系曲线

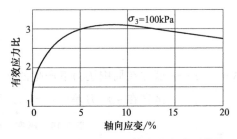

图 9-19　有效应力比与轴向应变关系曲线

破坏点的取值，以（$\sigma_1 - \sigma_3$）或 σ_1'/σ_3' 的峰点值作为破坏点。如（$\sigma_1 - \sigma_3$）和 σ_1'/σ_3' 均无峰值，应以应力路径的密集点或按一定轴向应变（一般可取 $\varepsilon_1 = 15\%$，

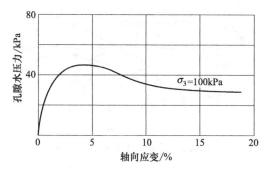

图 9-20　孔隙水压力与轴向应变关系曲线

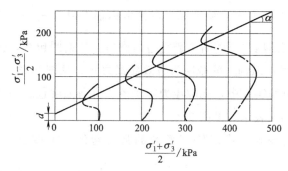

图 9-21　有效应力路径关系曲线

经过论证也可根据工程情况选取破坏应变）相应的 $(\sigma_1 - \sigma_3)$ 或 σ_1'/σ_3' 作为破坏强度值。

绘制强度包线：

对于不固结不排水剪切实验及固结不排水剪切实验，以法向应力 σ 为横坐标，剪应力 τ 为纵坐标。在横坐标上以 $\dfrac{\sigma_{1f} + \sigma_{3f}}{2}$ 为圆心，$\dfrac{\sigma_{1f} - \sigma_{3f}}{2}$ 为半径（下标 f 表示破坏时的值），绘制破坏总应力圆后，作诸圆包线。该包线的倾角为内摩擦角 φ_u 或 φ_{cu}，包线在纵轴上的截距为黏聚力 c_u 或 c_{cu}，见图 9-22。

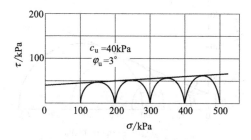

图 9-22　不固结不排水剪强度包线

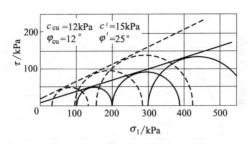

图 9-23　固结不排水剪强度包线

在固结不排水剪切中测孔隙压力，则可确定试样破坏时的有效应力。以有效应力 σ_1 为横坐标，剪应力 τ 为纵坐标。在横坐标轴上以 $\dfrac{\sigma_{1f}+\sigma_{3f}}{2}$ 为圆心，$\dfrac{\sigma_{1f}-\sigma_{3f}}{2}$ 为半径，绘制不同周围压力下的有效破坏应力圆后，作诸圆包线，包线的倾角为有效内摩擦角 φ'，包线在纵轴上的截距为有效黏聚力 c'，见图 9-23。

在固结排水剪切实验中，孔隙压力等于零，抗剪强度包线的倾角和在纵轴上的截距分别以 φ_d 和 c_d 表示，见图 9-24。

如各应力圆无规律，难以绘制各圆的强度包线，可按应力路径取值，即以 $\dfrac{\sigma_1'-\sigma_3'}{2}\left(\dfrac{\sigma_1-\sigma_3}{2}\right)$ 作纵坐标，$\dfrac{\sigma_1'+\sigma_3'}{2}\left(\dfrac{\sigma_1+\sigma_3}{2}\right)$ 作横坐标，绘制应力圆，作通过各圆之圆顶点的平均直线，见图 9-25。

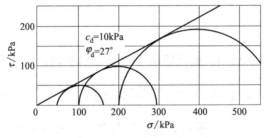

图 9-24　固结排水剪强度包线

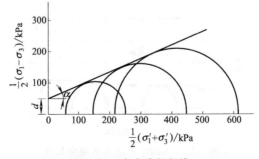

图 9-25　应力路径包线

152

根据直线的倾角及在纵坐标上的截距，按下式计算 φ' 和 c'。

$$\varphi' = \sin^{-1} \tan\alpha \qquad\qquad (9.33)$$

$$c' = \frac{d}{\cos\varphi'} \qquad\qquad (9.34)$$

式中　α——平均直线的倾角，(°)；

　　　d——平均直线在纵轴上的截距，kPa。

9.10.6　实验结果记录

实验数据记录至表 9-16、表 9-17 和表 9-18 中。

表 9-16　三轴压缩实验记录表（一）

试样状态记录				周围压力/kPa		
项目	起始的	固结后	剪切后	反压力 u_0/kPa		
直径 D/cm				周围压力下的孔隙水压力		
高度 h_1/cm				孔隙水压力系数 $B = \dfrac{u}{\sigma_3}$		
面积 A/cm^2						
体积 V/cm^3				破坏应变 ε_{f}/%		
质量 m/g				破坏主应力差 $(\sigma_1 - \sigma_3)$/kPa		
密度/(g/cm^3)				破坏大主应力 $\sigma_{1\mathrm{f}}$/kPa		
干密度/(g/cm^3)				破坏孔隙水压力系数 $\dfrac{\sigma_1'}{\sigma_3}$		
试样含水率记录						
项目	起始的		剪切后	相应的有效大主应力 σ_1'/kPa		
盒号				相应的有效小主应力 σ_3'/kPa		
盒质量/g				最大有效主应力比 $\left(\dfrac{\sigma_1'}{\sigma_3'}\right)_{\max}$		
盒＋湿土质量/g						
湿土质量/g				破坏点选值准则 $\left(\dfrac{\sigma_1'}{\sigma_3'}\right)_{\max}$		
盒＋干土质量/g						
干土质量/g						
水质量/g				孔隙水压力系数 $A_{\mathrm{f}} = \dfrac{u_{\mathrm{f}}}{B(\sigma_1 - \sigma_3)}$		
饱和度 S_{r}				试样破坏情况描述：呈鼓状破坏		

表 9-17　三轴压缩实验记录表表（二）

加反压力过程					试样体积变化		说明	固结过程						
时间/min	周围压力 σ_3/kPa	反压力 u_0/kPa	孔隙压力 u/kPa	孔隙压力增量 Δu/kPa	读数/cm³	体变量/cm³		时间/min	排水量管		孔隙压力		体变管	
									读数	排水量	读数/kPa	压力值/kPa	读数/cm³	体变量/cm³

154

表 9-18　三轴压缩实验记录表（三）

委托单号		任务号		土样编号		实验日期	
实验规程 JTG 3430—2020		主检仪器 应变式三轴仪		实验方法		测力计校正系数	
固结下沉量/cm		固结后高度/cm		固结后面积/cm²		环境温度/℃	

轴向变形读数 /(0.01mm)	轴向应变 ϵ_1 /%	试样校正后面积 $A_a = \dfrac{\Delta h_i}{h_c}$ /cm²	测力计百分表读数 R/(0.01mm)	主应力差 $(\sigma_1-\sigma_3)$ /kPa	大主应力 σ_1/kPa	孔隙水压力 读数 /kPa	孔隙水压力 压力值 /kPa	有效大主应力 σ_1' /kPa	有效小主应力 σ_1' /kPa	有效主应力比 $\dfrac{\sigma_1'}{\sigma_3'}$

10 沥青及沥青混合料实验

10.1 沥青三大指标

10.1.1 实验目的

通过针入度的测定确定石油沥青的稠度，划分沥青牌号；通过延度实验获得沥青的塑性；通过软化点测定得到沥青的温度敏感性，为沥青的工程应用提供技术保证。

10.1.2 依据的规范标准

实验依据标准《公路工程沥青及沥青混合料试验规程》(JTG E20—2011)。

10.1.3 主要仪器设备

① 针入度实验：SYD-2801E 针入度试验器（图10-1）、恒温水槽、溶剂等。

② 延度实验：SYD-4508C 沥青延度试验器、恒温水槽、甘油滑石粉隔离剂等。

③ 软化点实验：SYD-0613 沥青软化点试验器、恒温水槽、甘油滑石粉隔离剂等。

10.1.4 实验方法步骤

10.1.4.1 针入度实验

（1）试样制备

① 均匀加热沥青至流动，将其注入试样皿内，试样高度超过预计针入度值 10mm，放置于 15～30℃

图 10-1 针入度试验器

的空气中冷却不小于 1.5h（小试样皿）或 2.0h（大试样皿）。

② 将试样皿浸入（25±0.1）℃的水浴恒温（小皿恒温 1～1.5h，大皿恒温1.5～2.0h），水面高于试样表面 10mm 以上。

（2）针入度测试

① 首先调整底脚螺丝使针入度试验器三角底座水平。

② 用溶剂将标准针擦干净，再用干布擦干，然后将针插入连杆中固定。

③ 取出恒温的试样皿，置于水温为 25℃ 的平底保温皿中，试样以上的水层高度大于 10mm，再将保温皿置于转盘上。

④ 调节针尖与试样表面恰好接触，移动齿杆与连杆顶端接触时，读出百分表"A_1"。

⑤ 用手放开按钮，同时开动秒表，使针自由针入试样，经 5s，紧压按钮使针停止下沉。

⑥ 移动滑杆与连杆顶端接触，读出百分表"A_2"，"$A_2 - A_1$"即为试样本次针入度，记录精确至 0.1mm。

⑦ 在试样的不同点重复实验 3 次，测点间及与金属皿边缘的距离不小于 10mm。每次实验前用溶剂将针尖端的沥青擦净。

10.1.4.2　延度实验

（1）试样制备

① 将隔离剂涂于金属板上及侧模的内侧面，然后将试模在金属垫板上卡紧。

② 加热沥青至流动，将其从模一端至另一端往返注入，沥青略高出模具。

③ 试件空气中冷却不少于 90min 后，用热刀将多余沥青刮去，直至抹平；再将试件及模具放入（25±0.5）℃水浴恒温 90min。

（2）延度测试

① 调整延度计水温至（25±0.5）℃，将试件装在延度仪上，去除底板和侧模。试件距水面和水底的距离不小于 2.5cm。

② 开机以（5±0.25）cm/min 速度拉伸，观察沥青的延伸情况。当沥青细丝浮于水面或沉入槽底时，则加入酒精或食盐水，调整水的密度与试样的密度相近后，重新实验。

③ 试件拉断时，试样从拉伸到断裂所经过的距离，读取指针所指读数，即为试样的延度（cm）。

10.1.4.3　软化点实验

（1）试样制备

① 将沥青加热至流动，注入铜环内至略高出环面。

② 在空气中冷却 30min 后，用热刀刮去多余的沥青至环面齐平。

③ 试样软化点在 80℃ 以下的，将试样连同底板与钢球、定位环一起放在水温为（5±0.5）℃ 的恒温水槽中，至少恒温 15min。软化点等于或高于 80℃ 的用（32±1）℃ 的甘油恒温槽，至少恒温 15min。

④ 试样软化点在 80℃ 以下的，烧杯内注入新煮沸并冷却至约 5℃ 的蒸馏水，使水面略低于连接杆上的深度标记。软化点等于或高于 80℃ 的注入 32℃ 的甘油。

（2）软化点测试

80℃ 以下者：

① 将装有试样的试样环连同试样底板置于（5±0.5）℃ 水槽中 15min，将金属支架、钢球、钢球定位环等亦置于相同水槽中。

② 烧杯内注入 5℃ 的蒸馏水，使水面略低于连接杆上的深度标记。

③ 从恒温水槽中取出盛有试样的试样环放置支架中层板的圆孔中，并套上定位环。然后将整个环架放入烧杯中，调整水面至深度标记，并保持水温（5±0.5）℃。温度计由上层板中心孔垂直插入，与环下面齐平。

④ 将烧杯移至软化点试验器底座上，并开始加热，使水温在 3min 内以（5±0.5）℃/min 速度上升，记录上升的温度值。如果温度上升速度超出此范围，则实验应重做。

⑤ 试样受热软化下坠，当与下层底板表面接触时，立即读取温度值，为试样的软化点，精确至 0.5℃。

80℃ 及以上者：

① 将装有试样的试样环连同试样底板置于（32±1）℃ 的甘油恒温槽中至少 15min，同时将金属支架、钢球、钢球定位环等亦置于甘油中。

② 在烧杯内注入预先加热至 32℃ 的甘油，使液面略低于连接杆上的深度标记。

③ 按照 80℃ 以下的方法进行测定，精确至 1℃。

10.1.5　实验结果计算与处理

（1）针入度

以三次实验结果的算术平均值为该沥青的针入度，取至整数。三次实验所测针入度的最大值与最小值之差不应超过表中的规定，否则重测。

石油沥青针入度测定值的最大允许差值如下：

针入度/(0.1mm)	允许最大差值/(0.1mm)
0~49	2
50~149	4
150~249	12
250~500	20

（2）延度

取三个平行试样的测定结果的算术平均值作为该试样的延度值。若三个测试结果均大于 100cm，记为"＞100cm"；若 3 个测试结果不全大于 100cm，但平均值大于 100cm，记为"＞100cm"。如最大值或最小值有一个超过平均值的 20%，则需重新实验。

（3）软化点

实验结果取两个平行试样测定结果的算术平均值，精确至 0.5℃。试样软化点小于 80℃时，两个数值的差不得大于 1℃，试样软化点大于或等于 80℃时，两个数值的差不得大于 2℃。

10.1.6　实验注意事项

① 进行针入度实验时，首先使三角底座水平，每次实验前应注意更换或擦干净标准针并注意实验的温度条件。

② 延度实验应注意水温条件，并保持试样与水的密度相近。

③ 软化点实验应注意恒温水槽或甘油恒温槽的温度，实验时应控制烧杯内水或甘油温度上升速度不得超出规范要求。

④ 因课堂时间、操作进度等原因，实验的步骤与《公路工程沥青及沥青混合料试验规程》（JTG E20—2011）中方法有所差异。由于温度对针入度实验有较大影响，规程规定每次实验后都应将盛有试样的玻璃皿放入恒温水槽中，以使之保持实验温度。针入度实验温度一般以 25℃ 为准，但有时也会研究 5℃、10℃、15℃、20℃、30℃温度下针入度值。延度实验通常采用的实验温度为 25℃、15℃、10℃或 5℃。规程规定延度仪测量长度不宜大于 150cm，故同一样品单次延度测量结果一般情况下≤150cm。对道路石油沥青来说，软化点不可能高于 80℃，应采用水浴实验，但对一些聚合物改性沥青、建筑石油沥青软化点可能高于 80℃，应使用甘油浴实验。

10.2　沥青混合料马歇尔试验

10.2.1　实验目的

马歇尔稳定度试验和浸水马歇尔稳定度试验用于沥青混合料的配合比设计或沥青路面施工质量检验。浸水马歇尔稳定度试验（根据需要，也可进行真空饱水马歇尔试验）供检验沥青混合料受水损害时抵抗剥落的能力时使用，通过测试其水稳定性检验配合比设计的可行性。

10.2.2　依据的规范标准

实验依据标准《公路工程沥青及沥青混合料试验规程》（JTG E20—2011）进行，所用仪器为符合《马歇尔稳定度试验仪》（JT/T 119—2006）技术要求的产品。

10.2.3 主要仪器设备

① 沥青混合料马歇尔试验仪：对用于高速公路和一级公路的沥青混合料宜采用自动马歇尔试验仪，用计算机或 X-Y 记录仪记录荷载-位移曲线，并具有自动测定荷载与试件垂直变形的传感器、位移计，能自动显示或打印实验结果。对 $\phi63.5mm$ 的标准马歇尔试件，试验仪最大荷载不小于 25kN，读数精确至 100N，加载速度应保持（50±5）mm/min。钢球直径 16mm，上下压头曲率半径为 50.8mm。当采用 $\phi152.4mm$ 大型马歇尔试件时，试验仪最大荷载不得小于 50kN，读数精确至 100N。上下压头的曲率内径为（152.4±0.2）mm，上下压头间距为（19.05±0.1）mm。

② 恒温水槽：控温精确度为 1℃，深度不小于 150mm。

③ 真空饱水容器：包括真空泵及真空干燥器。

④ 烘箱。

⑤ 天平：感量不大于 0.1g。

⑥ 温度计：分度为 1℃。

⑦ 其他：卡尺、棉纱、黄油。

10.2.4 实验方法步骤

（1）准备工作

① 按规程标准击实法成型马歇尔试件，标准马歇尔尺寸应符合直径（101.6±0.2）mm、高（63.5±1.3）mm 的要求。对大型马歇尔试件，尺寸应符合直径（152.4±0.2）mm、高（95.3±2.5）mm 的要求。一组试件的数量最少不得少于 4 个，并符合规定。

② 量测试件的直径及高度。用卡尺测量试件中部的直径，用马歇尔试件高度测定器或用卡尺在十字对称的 4 个方向量测离试件边缘 10mm 处的高度，精确至 0.1mm，并以其平均值作为试件的高度。如试件高度不符合（63.5±1.3）mm 或（95.3±2.5）mm 要求或两侧高度差大于 2mm 时，此试件应作废。

③ 按规程规定的方法测定试件的密度、空隙率、沥青体积分数、沥青饱和度、矿料间隙率等物理指标。

④ 将恒温水槽调节至要求的实验温度，对黏稠石油沥青或烘箱养生过的乳化沥青混合料为（60±1）℃，对煤沥青混合料为（33.8±1）℃，对空气养生的乳化沥青或液体沥青混合料为（25±1）℃。

（2）实验步骤

① 将试件置于已达规定温度的恒温水槽中保温，保温时间对标准马歇尔试件需 30～40min，对大型马歇尔试件需 45～60min。试件之间应有间隔，底下应垫起，离容器底部不小于 5cm。

② 将马歇尔试验仪的上下压头放入水槽或烘箱中达到同样温度。将上下压头从水槽或烘箱中取出擦拭干净内面。为使上下压头滑动自如，可在下压头的导棒上涂少量黄油。再将试件取出置于下压头上，盖上上压头，然后装在加载设备上。

③ 在上压头的球座上放妥钢球，并对准荷载测定装置的压头。

④ 当采用自动马歇尔试验仪时，将自动马歇尔试验仪的压力传感器、位移传感器与计算机或 X-Y 记录仪正确连接，调整好适宜的放大比例。调整好计算机程序或将 X-Y 记录仪的记录笔对准原点。

⑤ 当采用压力环和流值计时，将流值计安装在导棒上，使导向套管轻轻地压住上压头，同时将流值计读数调零。调整压力环中百分表，对零。

⑥ 启动加载设备，使试件承受荷载，加载速度为（50±5）mm/min。计算机或 X-Y 记录仪自动记录传感器压力和试件变形曲线并将数据自动存入计算机。

⑦ 当实验荷载达到最大值的瞬间，取下流值计，同时读取压力环中百分表读数及流值计的流值读数。

⑧ 从恒温水槽中取出试件至测出最大荷载值的时间，不得超过 30s。

（3）浸水马歇尔试验方法

浸水马歇尔试验方法与标准马歇尔试验方法的不同之处在于，试件在已达规定温度恒温水槽中的保温时间为 48h，其余均与标准马歇尔试验方法相同。

（4）真空饱水马歇尔试验方法

试件先放入真空干燥器中，关闭进水胶管，开动真空泵，使干燥器的真空度达到 97.3kPa（730mmHg）以上，维持 15min，然后打开进水胶管，靠负压进入冷水流使试件全部浸入水中，浸水 15min 后恢复常压，取出试件再放入已达规定温度的恒温水槽中保温 48h，其余均与标准马歇尔试验方法相同。

10.2.5 实验结果计算及处理

（1）试件的稳定度及流值

当采用自动马歇尔试验仪时，将计算机采集的数据绘制成压力和试件变形曲线，或由 X-Y 记录仪自动记录荷载-变形曲线，按图 10-2 所示的方法在切线方向延长曲线与横坐标相交于 O_1，将 O_1 作为修正原点，从 O_1 起量取相应于荷载最大值

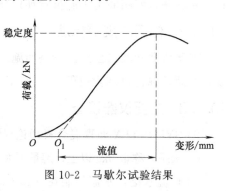

图 10-2 马歇尔试验结果

时的变形作为流值（FL），以 mm 计，精确至 0.1mm。最大荷载即为稳定度（MS），以 kN 计，精确至 0.01kN。

（2）试件的马歇尔模数按下式计算。

$$T = \frac{MS}{FL} \tag{10.1}$$

式中　　T——试件的马歇尔模数，kN/mm；

　　　　MS——试件的稳定度，kN；

　　　　FL——试件的流值，mm。

（3）试件的浸水残留稳定度按下式计算。

$$MS_0 = \frac{MS_1}{MS} \times 100\% \tag{10.2}$$

式中　　MS_0——试件的浸水残留稳定度，%；

　　　　MS_1——试件浸水 48h 后的稳定度，kN。

（4）数据处理

当一组测定值中某个测定值与平均值之差大于标准差的 k 倍时，该测定值应予舍弃，并以其余测定值的平均值作为实验结果。当试件数目 n 为 3、4、5、6 个时，k 值分别为 1.15、1.46、1.67、1.82。进行自动马歇尔试验时，实验结果应附上荷载-变形曲线原件或自动打印结果，并报告马歇尔稳定度、流值、马歇尔模数，以及试件尺寸、试件的密度、空隙率、沥青用量、沥青体积分数、沥青饱和度、矿料间隙率等各项物理指标。

10.3　沥青混合料理论最大相对密度实验

10.3.1　实验目的

本实验用于真空法测定沥青混合料理论最大相对密度，供沥青混合料配合比设计、路况调查或路面施工质量管理计算孔隙率和压实度等使用。

10.3.2　依据的规范标准

实验依据标准《公路沥青路面施工技术规范》（JTG F40—2004）、《公路工程沥青及沥青混合料试验规程》（JTG E20—2011）进行。

10.3.3　主要仪器设备

① SYD-0711A 沥青混合料理论最大相对密度试验器。

② 天平：称量 5kg 以上，感量不大于 0.1g；称量 2kg 以上，感量不大于 0.05g。

③ 恒温水浴：水温控制在（25±0.5）℃。

10.3.4 实验方法步骤

（1）准备工作

① 按标准 JTG E20—2011《公路工程沥青及沥青混合料试验规程》中 T 0701—2011《沥青混合料取样法》或从沥青路面上采取（或钻取）沥青混合料试样。试样质量不少于如表 10-1 规定质量。

表 10-1　试样取料标准

沥青混合料中集料最大公称粒径/mm	最少试样质量/g
37.5	3500
31.5	3000
26.5	2500
19.0	2000
16.0	1500
13.2	1500
9.50	1000
4.75	500

② 将沥青混合料团块仔细分散，粗集料不破碎，细集料团块分散到小于 6.4mm。若混合料坚硬时可用烘箱适当加热后分散，一般加热温度不超过 60℃，分散试样应用手掰开，不得用锤击碎，防止集料破碎。当试样是从路上采取的非干燥混合料时，应用电风扇吹干至恒重后再操作。

③ 负压容器标定：将负压容器装满（25±0.5）℃的水（上面用玻璃板盖住保持完全充满水），正确称取各负压容器与水的总质量（m_1）。

④ 将负压容器干燥，编号称取其质量。

（2）实验步骤

① 将沥青混合料试样装入干燥的负压容器中，称容器及沥青混合料总质量，得到试样的净质量（m_a），试样质量应不小于上述规定的最小质量。

② 往负压容器中加入 25℃的水将混合料全部浸没，并较混合料顶面高出约 2cm，但水量不宜过多，以免吸入抽气泵内。

③ 将负压容器放入仪器平台上的定位圈内，盖好上盖。盖子口应平稳落入负压容器内，不得歪斜，以免密封失灵（开始抽真空时可以用手轻轻压住上盖）。

④ 打开电源开关。稍后显示当地的气压值，如果负压值与当地的大气压有误差时，可以按键更改，此时的更改在关机时不保存。

⑤ 等到负压值显示稳定后，按"启动/停止"键，试样开始抽真空。

⑥ 当负压为 4kPa 后进入振动保持阶段，定时显示器开始 15min 倒计时。

⑦ 此时按振动键可以启动振动。

⑧ 如果负压小于 3.4kPa，可以加大过压进气调节阀的进气量（逆时针调节），如果负压大于 4kPa，可以减小过压进气调节阀的进气量（顺时针调节），最好的情况是此时抽真空的量略大于补气量，这样负压比较稳定，补气阀门工作也不会太频繁。

⑨ 当定时显示器显示 0 时抽真空结束，开始卸压。

⑩ 将经过抽真空和振动后的装有沥青混合料试样的负压容器浸入（25±0.5)℃的恒温水槽，约 10min 后取出，加上玻璃板，使容器中没有空气，擦净容器外的水分，称取容器、水和沥青混合料试样的总质量（m_2）。

⑪ 实验结束后，上盖可以吸附在仪器的两侧边，在两侧边的贴纸处有磁铁，只要将上盖的中心对准贴纸即可。

10.3.5 实验结果计算

① 沥青混合料的最大相对密度按下式计算。

$$\gamma_t = \frac{m_a}{m_a - (m_2 - m_1)} \tag{10.3}$$

式中　m_a——干燥沥青混合料试样的空气中质量，g；

m_1——装满 25℃水的负压容器的总质量，g；

m_2——25℃时试样、水与负压容器的总质量，g。

② 沥青混合料 25℃时的理论最大密度按下式计算。

$$\rho_t = \gamma_t \times \rho_w \tag{10.4}$$

式中　ρ_t——沥青混合料的理论最大密度，g/cm^3；

ρ_w——25℃时水的密度，0.9971g/cm^3。

同一试样至少平行实验两次，取得的平均值作为实验结果，计算至小数点后三位。本仪器可对两个样品同时进行实验，需要注意的是实验过程中必须对试样、负压容器等编号，防止数据混淆。

10.4　路面平整度测试实验

10.4.1　实验目的

该实验用连续式平整度仪测定路表面的不平整度的标准差，以表示路面的平整度，来评定路面的施工质量和使用质量，但不适用于在已有较多坑槽、破损严重的路面上测定。通过实验，要求掌握用连续式平整度仪测定路面平整度的实验方法和数据处理。

10.4.2 依据的规范标准

实验依据标准《公路沥青路面施工技术规范》(JTG F40—2004)、《公路工程沥青及沥青混合料试验规程》(JTG E20—2011)进行。

10.4.3 主要仪器设备

① 连续式平整度仪：标准长度为 3m，前后两组轮的轴间距离为 3m。中间为一个 3m 长的机架，机架可缩短或折叠，前后各有 4 个行走轮，机架中间有一个能起落的测定轮。机架上装有蓄电源及可拆卸的检测箱，检测箱可采用显示、记录、打印或绘图等方式输出测试结果。测定轮上装有位移传感器，自动采集位移数据。

测定间距为 10cm，每一计算区间的长度为 100m，100m 输出一次结果。机架头装有一牵引钩及手拉柄，可用人力或汽车牵引。

② 牵引车：小面包车或其他小型牵引汽车。

③ 皮尺或测绳。

10.4.4 实验方法步骤

① 选择测试路段路面测试地点。

② 将连续式平整度仪置于测试路段路面起点上。

③ 在牵引汽车的后部，将平整度仪的挂钩挂上后，放下测定轮，启动检测器及记录仪，随即启动汽车，沿道路纵向行驶，横向位置保持稳定，并检查平整度仪表上测定数字显示、打印、记录的情况。如检测设备中某项仪表发生故障，即停车检测。牵引平整度仪的速度应均匀，速度宜为 5km/h，最大不得超过 12km/h。

在测试路段较短时，亦可用人力拖拉平整度仪测定路面的平整度，但拖拉时应保持匀速前进。

10.4.5 实验结果计算及处理

（1）自动计算

按每 10cm 间距采集的位移值自动计算 100m 计算区间的平整度标准差，记录测试长度、曲线振幅大于某一定值（3mm、5mm、8mm、10mm 等）的次数、曲线振幅的单向（凸起或凹下）累计值，绘制以 3m 机架为基准的中点路面偏差曲线图，并打印输出。

（2）人工计算

在记录曲线上任意设一基准线，每隔一定距离（宜为 1.5m）读取曲线偏离基准线的偏离位移值 d_i。

每一计算区间的路面平整度以该区间测定结果的标准差表示，按下式进行计算。

$$\sigma_i = \sqrt{\frac{\sum(\overline{d} - d_i)^2}{n-1}} \tag{10.5}$$

式中　σ_i——各计算区间的平整度计算值，mm；

　　　d_i——以 100m 为一个计算区间，每隔一定距离（自动采集间距为 10cm，人工采集间距为 1.5m）采集的路面凹凸偏差位移值，mm；

　　　n——计算区间用于计算标准差的测试数据个数。

（3）计算一个评定路段内各区间平整度标准差的平均值、标准差（反应 σ_i 的偏离程度）、变异系数。

（4）实验应列表报告每一个评定路段内各测定区间的平整度计算值、各评定路段平整度的平均值、标准差、变异系数以及不合格区间数。

10.4.6　实验结果记录

实验数据记录到表 10-2 中。

表 10-2　路面平整度实验报告

测定区间编号	1	2	3	4	5	6	7	8	9	10
平整度标准差 σ/mm										
评定结果	平均值/mm			标准差/mm						
	变异系数 /%			不合格 区间数						

结论：

10.5　路面弯沉值测试实验

10.5.1　实验目的及适用范围

本方法适用于测定各类路基、路面的回弹弯沉，用以评定其整体承载能力，可供路面结构设计、交工和竣工验收使用，可为公路养护管理部门制定养路修路计划提供依据。

路面的弯沉是测定载重汽车在标准轴荷载、轮胎尺寸、轮胎间隙及轮胎压力下，对路面表面的垂直变形值，根据需要可以是总弯沉或回弹弯沉，以 0.01mm 为单位表示。沥青路面的弯沉以路表温度 20℃为准，在其他温度测试时，弯沉值应予温度修正。但对沥青路面厚度等于或小于 5cm 厚时，不予修正。

10.5.2　依据的规范标准

实验符合标准《公路沥青路面施工技术规范》（JTG F40—2004）。

10.5.3　主要仪器设备

① 标准车：双轴，后轴双侧 4 轮的载重车，主要参数见表 10-3，测试车可根据需要按公路等级选择，高速公路、一级及二级公路应采用后轴 100kN 的 BZZ-100 标准车，其他等级公路可采用后轴 60kN 的 BZZ-60 标准车。

表 10-3　标准车类型

标准车载等级	BZZ-100	BZZ-60
后轴标准轴载 p/kN	100 ± 1	60 ± 1
一侧双轮荷载/kN	50 ± 0.5	30 ± 0.5
轮胎充气压力/MPa	0.70 ± 0.05	0.5 ± 0.05
一侧两轮中单轮传压面当量直径 d/cm	21.30 ± 0.5	19.5 ± 0.5
轮隙宽度	应能满足能自由插入弯沉仪测头的测试要求	

② 路面弯沉仪：由贝克曼梁、百分表及表架组成，贝克曼梁由合金铝制成，上有水准泡，其前臂（接触路面）与后臂（装百分表）长度分别为 240mm 和 120mm 或 360mm 和 180mm，其比值为 2∶1。弯沉值采用百分表量得，也可用自动记录装置进行测量。

③ 路表温度计：分度不大于 1℃。

④ 接长杆：直径 ϕ16mm、长 500mm。

⑤ 其他：皮尺、口哨、白油漆或粉笔、指挥旗等。

10.5.4　实验方法步骤

（1）准备工作

① 检查并测定标准车的车况及刹车性能，保持良好，轮胎内胎符合规定充气压力。

② 向汽车车槽中装载铁块或集料，并称量后轴总质量，符合要求的轴重规定，汽车行驶及测定过程中，轴重不得变化。

③ 测定轮胎接地面积，在平滑的硬质路面上用千斤顶将汽车后轴顶起，在轮胎下方铺一张新的复写纸，轻轻落下千斤顶，即在方格上印上轮胎印痕，用求积仪或数方格的方法，测算轮胎接地面积，精确至 $0.1cm^2$。

④ 检查弯沉仪百分表量测灵敏情况。

⑤ 当为沥青路面时，用路表温度计测定实验时气温及路表温度（一天中气温不断变化，应随时测定），并通过气象台了解前 5 天的平均气温（日最高气温与最

低气温的平均值）。

⑥ 记录沥青路面修建或改建时材料、结构、厚度、施工及养护等情况。

（2）路面回弹弯沉测试

① 在测试路段布置测点，其距离随测试需要而定。测点应在路面行车道的轮迹带上，并用白油漆或粉笔划上标记。

② 将实验汽车后轮胎隙对准测点后约 3~5cm 的位置上。

③ 将弯沉仪插入汽车后轮之间的缝隙处，与汽车方向一致，梁臂不得碰到轮胎，弯沉仪测头应置于测点上（轮隙中心前方 3~5cm 处），并安装百分表于弯沉仪的测定杆上，百分表调零，用手指轻轻叩打弯沉仪，检查百分表是否稳定回零。弯沉仪可以是单侧测定，也可以是双侧同时测定。

④ 测定者吹口哨发令指挥汽车缓缓前进，百分表随路面弯形的增加而持续向前转动。当表针转动到最大值时，迅速读取初读数 L_1。汽车仍在继续前进，表针反向回转，待汽车驶出弯沉影响半径（约 3m 以上）后，吹口哨或挥红旗，汽车停止。待表针回转稳定后，再次读取终读数 L_2。汽车前进的速度宜为 5km/h 左右。

（3）弯沉仪的支点变形修正

① 采用长度为 3.6m 的弯沉仪对半刚性基层沥青路面、水泥混凝土路面等进行弯沉测定时，有可能引起弯沉仪支座处变形，因此测定时应检验支点有无变形。此时应用另一台检验用的弯沉仪安装在测定用弯沉仪的后方，其测点架于测定用弯沉仪的支点旁。当汽车开出时，同时测定两台弯沉仪的弯沉读数，如检验用弯沉仪百分表有读数，即应该记录并进行支点变形修正。当在同一结构层上测定时，可在不同位置测定 5 次，求取平均值，以后每次测定时以此作为修正值。

② 当采用长度为 5.4m 的弯沉仪测定时，可不进行支点变形修正。

注：在同一结构层上测定时，可采用测定 5 次求取平均值的方法，以后每次测定时以此作为修正值。

10.5.5　实验结果记录与修正

（1）路面测点的回弹弯沉值计算

$$L_T = (L_1 - L_2) \times 2 \tag{10.6}$$

式中　L_T——在路面温度 T 时的回弹弯沉值，mm；

　　　L_1——车轮中心临近弯沉仪测头时百分表的最大读数，mm；

　　　L_2——汽车驶出弯沉影响半径后百分表的终读数，mm。

（2）当需要进行弯沉仪支点变形修正时路面测点的回弹弯沉值计算

$$L_T = (L_1 - L_2) \times 2 + (L_3 - L_4) \times 6 \tag{10.7}$$

式中 L_1——车轮中心临近弯沉仪测头时测定用弯沉仪的最大读数，mm；

L_2——汽车驶出弯沉影响半径后测定用弯沉仪的最终读数，mm；

L_3——车轮中心临近弯沉仪测头时检验用弯沉仪的最大读数，mm；

L_4——汽车驶出弯沉影响半径后检验用弯沉仪的最终读数，mm。

（3）计算每一个评定路段的代表弯沉值

$$L_T = L + Z_a S \tag{10.8}$$

式中 L_T——评定路段的代表弯沉值，mm；

L——评定路段内经各项修正后的各测点弯沉值的平均值，mm；

S——评定路段内经各项修正后的全部测点弯沉值的标准差，mm；

Z_a——与保证率有关的系数，采用下列数值：

高速公路、一级公路 $Z_a = 2.0$

二级公路 $Z_a = 1.645$

二级以下公路 $Z_a = 1.5$

（4）实验报告

报告应包括下列内容：

① 弯沉测定值、支点变形修正值、测试时的路面湿度及温度修正值。

② 每一个评定路段的各测点弯沉值的平均值、标准差及代表弯沉值。

10.6 摆式摩擦仪实验

10.6.1 实验目的

① 掌握交通标线抗滑系数实验的基本原理。

② 学会使用摆式摩擦仪进行实验。

③ 通过实验锻炼学生的动手操作能力。

10.6.2 主要仪器设备

① BM-Ⅱ型摆式摩擦系数测定仪。

② 接触路径度量工具：由薄板尺组成，124～127mm。

③ 盛水容器、表面温度计、刷子等。

10.6.3 实验方法步骤

（1）选点

在测试路段上，沿行车方向的左轮迹，选择有代表性的五个测点，测点相距约5～10m。

（2）仪器调平

将仪器置于测点上，并使摆动方向与行车方向一致。转动调平螺丝，使水准泡居中。

（3）调零

① 放松固定把手，转动升降把手使摆升高并能自由摆动，然后旋紧把手。

② 将摆向右运动，按下释放开关，使卡环进入释放开关槽，并处于水平释放开关，此时指针应被拨至紧靠拨针片。

③ 按下释放开关摆向左运动，并带动指针向上运动，当摆达到最高位置后下落时，用左手将摆杆接住，此时指针应指零，若不指零时，可稍旋紧或放松毛毡圈调节螺母，重复本项操作，直至指针指零。

（4）标定滑动长度

① 用橡胶皮刷清除摆动范围内路面上松散颗粒和杂物。

② 让摆自由悬挂，在橡胶片的外边平行摆动方向设置标准尺 126mm，放松紧固把手，转动升降把手，使摆缓缓下降，当滑溜块上橡胶片刚接触路面时，提起举升柄使滑溜块升高，将摆向右运动，并转动升降把手使摆下降一段距离，然后放下举升柄使摆慢慢向左运动，直到橡胶片和边缘刚刚接触路面，对正 126mm 尺的一端，再用手提起举升柄，使滑溜块向上抬起，并使摆断续向左运动，放下举升柄，再将摆慢慢向右运动使橡胶片的边缘再一次接触路面。橡胶片两次同路面的接触点的距离应为 126mm（滑动长度）。若不符合 126mm，可转动升降把手，再重复上述步骤进行精调。当基本符合 126mm 后，旋紧紧固把手，再校正一遍，若滑动长度不符合标准，则升高或降低仪器底座正面的调平螺丝来校正，但须调平水准泡，使滑动长度符合要求，之后，将摆置于水平释放位置。

（5）测定

用水浇洒路面，并用橡胶皮刷刷刮，以便洗去泥浆，然后再洒水，并按下释放开关，使摆在路面上滑过，指针即可指示出路面的摩擦系数值（一般第一次可不作记录）。当摆向回摆时，用左手接住摆杆，右手提起举升柄使滑溜块升高，并将摆向右运动，按下开关，使摆上卡环进入释放开关，并将摆针拨至紧靠拨针片，重复此项，测定五次（每次均应洒水），记录每次的数值，五次数值差不大于三个单位（即刻度盘的一格半）。如差值大于三个单位，应检查产生的原因，并再次重复上述各项操作，直至符合规定要求为止。

（6）测定结果

① 每个测点用五次测定读数的平均值代表测点的摩擦系数值。

② 测定读数，即该度盘上指针的读数（简称"摆值"），除以 100，即为路面的摩擦系数，如：摆值 33，摩擦系数即为 0.33。

10.6.4 注意事项

① 由于路面的摩擦系数受季节和湿度的影响，故应记录测试日期和路面的温度。

② 路段应描述路面结构类型、外观和使用年限。

③ 当摆向左摆动后返回时，一定要用手接住摆杆，以免损坏滑溜块和指针。

④ 在滑溜块上橡胶片滑动的有效范围内不应有明显的凸形和凹形，以免影响测定数值。

⑤ 标定滑动长度时，应以橡胶片刚刚接触路面为准，不可借摆的力量向前滑动，以免标定的滑动长度过长。

⑥ 路面摩擦系数沿公路的横断面而变化。通常路中小，路边大。为反映测试路段的最不利情况，应选择摩擦系数小，而使用刹车较频繁的位置，即沿行车方向的左轮迹处。

⑦ 滑溜块上采用新橡胶片时，应先在干燥路面上测试数次后再用。橡胶片的摩擦长边不得超过 3.2mm，短边不得超过 1.6mm，否则应更换橡胶片。此外，橡胶片被油类污染后也不能使用，橡胶片的有效使用期为一年，一年以后不管是否使用过，均不得再作测定使用，因为橡胶要老化，弹性、硬度均发生变化，影响测试结果。实验结束后，对实验结果进行总结，并撰写实验报告。

10.7 沥青混合料车辙实验

沥青混合料车辙实验是用标准的成型方法，制成标准的混合料试件（通常尺寸为 300mm×300mm×50mm），在 60℃的规定温度下，以一个轮压为 0.7MPa 的实心橡胶轮胎在其上行走，测量试件在变形稳定时期，每增加 1mm 变形需要行走的次数，即动稳定度，以次/mm 表示。动稳定度是评价沥青混凝土路面高稳定性的一个指标，也是沥青混合料配合比设计时的一个辅助性检验指标。

10.7.1 实验目的

① 测定沥青混合料的高温抗车辙能力，供混合料配合比设计时进行高温稳定性检验使用。

② 辅助性检验沥青混合料的配合比设计。

10.7.2 主要仪器设备

① SYD-0719C 自动车辙试验仪，如图 10-3 所示。

自动车辙试验仪主要由下列部分组成：

a. 试件台：可牢固地安装两种宽度（300mm 和 150mm）的规定尺寸试件

的试模。

b. 试验轮：橡胶制的实心轮胎。外径 $\phi 200mm$，轮宽 50mm，橡胶层厚 15mm。橡胶硬度（国际标准硬度）20℃ 时为 84 ± 4，60℃ 时为 78 ± 2。试验轮行走距离为（230± 10）mm，往返碾压速度为（42±1）次/min（21 次往返/min），允许采用曲柄连杆或链驱动试验台运动（试验轮不动）的任意一种方式。

图 10-3　自动车辙试验仪

c. 加载装置：使试验轮与试件的接触压强在 60℃时为（0.7±0.05）MPa，施加的总荷载为 78kg 左右，根据需要可以调整。

d. 试模：钢板制成，由底板及侧板组成，试模内侧尺寸长为 300mm，宽为 300mm，厚为 50mm。

e. 变形测量装置：自动检测车辙变形并记录曲线的装置，通常用位移传感器 LVDT、电测百分表或非接触位移计。

f. 温度检测装置：自动检测并记录试件表面及恒温室内温度的温度传感器（精密度 0.5℃）。

② 恒温室：自动车辙试验仪必须整机安放在恒温室内，装有加热器、气流循环装置及自动温度控制设备，能保持恒温室温度为（60±1）℃［试件内部温度为（60±0.5）℃］，根据需要亦可采用其他需要的温度用于保温试件并进行检验。温度应能自动连续记录。

③ 台秤：称量 15kg，感量不大于 5g。

10.7.3　实验方法步骤

（1）试件的制作方法

按实验马歇尔稳定度试件成型方法，确定沥青混合料的拌和温度和压实温度，将金属试模及小型击实锤等置于约 100℃的烘箱中加热 1h 备用，称出制作一块试件所需的各种材料的用量。先按试件体积（V）乘以马歇尔稳定度击实密度，再乘以系数 1.03，即得材料总用量，再按配合比计算出各种材料用量。分别将各种材料放入烘箱中预热备用。

① 将预热的试模从烘箱中取出，装上试模框架，在试模中铺一张裁好的普通纸，使底面及侧面均被纸隔离，将拌和好的全部沥青混合料用小铲稍加拌匀后均匀地沿试模按由边至中的顺序装入试模，中部要略高于四周。

② 取下试模框架，用预热的小型击实锤由边至中压实一遍，整平成凸圆弧形。

③ 插入温度计，待混合料冷却至规定的压实温度时，在表面铺一张裁好尺寸

的普通纸。

④ 当用轮碾机碾压时，宜先将碾压轮预热至100℃左右（如不加热，应铺牛皮纸），然后将盛有沥青混合料的试模置于轮碾机的平台上，轻轻放下碾压轮，调整总荷载为9kN（线荷载为300N/cm）。

⑤ 启动轮碾机，先在一个方向碾压2个往返（4次），卸载，再抬起碾压轮，将试件掉转方向，再加相同荷载碾压至马歇尔标准密实度（100±1）%为止。试件正式压实前，应经试压，决定碾压次数，一般12个往返（24次）左右可达要求。如试件厚度大于100mm时须分层压实。

⑥ 当用手动碾碾压时，先用空碾碾压，然后逐渐增加砝码荷载，直至将5个砝码全部加上，进行压实，至马歇尔标准密实度（100±1）%为止。碾压方法及次数应由试压决定，并压至无轮迹为止。

⑦ 压实成型后，揭去表面的纸。用粉笔在表面上标明碾压方向。

⑧ 盛有压实试件的试模，在室温下冷却，至少12h后方可脱模。

（2）实验步骤

① 测定试验轮接地压强。测定在60℃时进行，在试验台上放置一块50mm厚的钢板，其上铺一张毫米方格纸，再铺一张新的复写纸，以规定的700N荷载后试验轮碾压复写纸，即可在方格纸上得出轮压面积，由此求出接地压强，应符合（0.7±0.05）MPa，如不符合，应适当调整荷载。

② 按轮碾法成型试件后，连同试模一起在常温条件下放置不得少于12h。对聚合物改性沥青，以48h为宜。试件的标准尺寸为300mm×300mm×50mm，也可从路面切割得到300mm×150mm×50mm的试件。

③ 将试件连同试模，置于达到实验温度（60±1）℃的恒温室中，保温不少于5h，也不多于24h，在试件的试验轮不行走的部位上，粘贴一个热电偶温度计，控制试件温度稳定在（60±0.5）℃。

④ 将试件连同试模移置自动车辙试验仪的试验台上，试验轮在试件的中央部位，其行走方向须与试件碾压方向一致。开动车辙变形自动记录仪，然后启动试验仪，使试验轮往返走，时间约1h，或最大变形达到25mm为止。实验时，记录仪自动记录变形曲线及试件温度，打印出实验报告。

10.7.4 实验结果计算及处理

从实验报告上读取45min（t_1）及60min（t_2）时的车辙变形d_1及d_2，精确至0.01mm。如变形过大，在未到60min变形已达25mm时，则以达到25mm（d_2）时的时间为t_2，将其前15min记为t_1，此时的变形量为d_1。

沥青混合料试件的动稳定度计算公式如下。

$$DS = \frac{(t_2 - t_1) \times N}{d_2 - d_1} \times C_1 \times C_2 \qquad (10.9)$$

式中　DS——沥青混合料的动稳定度，次/mm；

d_1——时间 t_1（一般为 45min）的变形量，mm；

d_2——时间 t_2（一般为 60min）的变形量，mm；

N——试验轮每分钟行走次数，次/min；

C_1——试验机类型修正系数，曲柄连杆驱动试件的变速行走方式为1.0，链驱动试验轮的等速方式为1.5；

C_2——试件系数，实验室制备的宽300mm的试件为1.0，从路面切割的宽150mm的试件为0.8。

实验数据记录到表 10-4 中。

表 10-4　沥青混合料车辙实验记录表

试验温度/℃		60	轮压/MPa	0.7	试件密度 /(g/cm³)		2.428
试件尺寸 /(cm×cm×cm)		30×30×5	空隙率/%	4.0	制件方法		轮碾法
试件编号	时间 t_1 /min	时间 t_2 /min	时间 t_1 时的变形量 d_1/mm	时间 t_2 时的变形量 d_2/mm	试验轮往返碾压速度 N/(次/min)	试验机修正系数 C_1	试件系数 C_2	动稳定度 DS /(次/mm)
1								
2								
3								

注：动稳定变异系数为5.0%。

11

钢材实验

钢材实验的一般规定:

(1)钢筋应按批进行检查和验收。组批规则和取样要求如下:

① 热轧光圆钢筋、热轧带肋钢筋、余热处理钢筋、低碳热轧圆盘条由同一厂别、同一牌号、同一炉罐号、同一交货状态、同一进场时间为一批,每批质量不大于 60t。

② 预应力混凝土热处理钢筋由同一外形截面尺寸、同一热处理制度、同一炉罐号、同一厂别、同一进场时间为一批,每批质量不大于 60t。

③ 冷轧带肋钢筋由同一牌号、同规格、同一级别为一批,每批质量不大于 50t。

④ 取样时,对热轧钢筋、热处理钢筋每组试件从不同的两根钢筋分别切取拉伸和冷弯试件各两根。对冷轧带肋钢筋应逐盘取一个拉伸和两个冷弯试样。

⑤ 切取试件时,应在钢筋或盘条的任一端截去 500mm 后再切取。

⑥ 试件的长度:对于拉伸试件,直径小于 20mm 者取 10 倍直径加 250mm;直径等于或大于 20mm 者,取 5 倍直径加 250mm。对于受弯试件取 5 倍直径加 150mm。

(2)焊接接头

钢筋焊接质量检验,以 300 个同牌号、同型式的接头为一批,对闪光对焊,同一台班内焊接头数量较少,可在一周内累计 300 个为一批;对电弧焊、电渣压力焊、气压焊,可在不超过两楼层中 300 个接头作为一批。

11.1 钢材的拉伸性能检测实验

11.1.1 实验目的

测定钢材的力学性能,评定钢材质量。

11.1.2 依据的规范标准

①《钢及钢产品力学性能试验取样位置和试样制备》(GB/T 2975—2018)。

②《金属材料　拉伸试验第1部分：室温试验方法》（GB/T 228.1—2010）。

11.1.3　实验主要仪器设备

① 试验机：应按照《静力单轴试验机的检验　第1部分：拉力和（或）压力试验机测力系统的检验与校准》（GB/T 16825.1—2008）进行检测，并应为Ⅰ级或优于Ⅰ级准确度。

② 引伸计：其准确度应符合《金属材料　单轴试验用引伸计系统的标定》（GB/T 12160—2019）的要求。

③ 试样尺寸的量具：按截面尺寸不同，选用不同精度的量具。

11.1.4　实验条件及试样

（1）实验速率

除非产品标准另有规定，实验速率取决于材料特性并应符合《金属材料　拉伸试验第1部分：室温试验方法》（GB/T 228.11—2010）的规定。

（2）夹持方法

应使用楔形夹头、螺纹夹头、套环夹头等合适的夹具夹持试样。应尽最大努力确保夹持的试样受轴向拉力的作用。

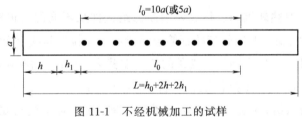

图 11-1　不经机械加工的试样

a—直径；l_0—标距长度；h_1—预留长度；h—夹头长度

（3）实验试样

可采用机械加工试样或不经机械加工的试样（图 11-1）进行实验。钢筋实验一般采用不经机械加工的试样，试样的总长度取决于夹持方法，原则上 $L_t \geqslant 12d$（L_t 为试样总长度，d 为试样横截面直径）。试样原始标距与原始截面面积有 $L_0 = k\sqrt{S_0}$（L_0 为试样原始标距，k 为比例系数，S_0 为试样横截面面积）关系者称为比例试样。国际上使用的比例系数 k 的值为 5.65 $\left(\text{即 } L_0 = 5.65\sqrt{S_0} = 5\sqrt{\dfrac{4S_0}{\pi}} = 5d\right)$。

原始标距应不小于15mm。当试样横截面积太小，以至采用比例系数 k 为 5.65 的值不能符合这一最小标距要求时，可以采用较高的值（优先采用11.3的值）或采用非比例试样，h_1 取值为（0.5~1）a。非比例试样的原始标距与其原始横截面面

176

积无关。

11.1.5 实验方法步骤

（1）试样原始横截面面积的测定

测量时建议按照表 11-1 选用量具和测量装置。应根据测量的试样原始尺寸计算原始横截面面积，并至少保留 4 位有效数字。

表 11-1 量具或测量装置的分辨力 单位：mm

试样横截面尺寸	分辨力	试样横截面尺寸	分辨力
0.1~0.5	≤0.001	>2.0~10.0	≤0.01
>0.5~2.0	≤0.005	>10.0	≤0.05

① 对于圆形横截面试样，应在标距的两端及中间 3 处两个相互垂直的方向测量直径，取其算术平均值，取用 3 处测得的最小横截面面积，按下式进行计算。

$$S_0 = \frac{1}{4}\pi d^2 \qquad\qquad (11.1)$$

式中 S_0——试样的横截面面积，mm^2；

      d——试样的横截面直径，mm。

② 对于恒定横截面试样，可以根据测量的试样长度、试样质量和材料密度确定其原始横截面面积。试样长度的测量应精确到 ±0.5%，试样质量的测定应精确到 ±0.5%，密度应至少取 3 位有效数字。原始横截面面积按下式计算。

$$S_0 = \frac{m}{\rho L_t} \times 1000 \qquad\qquad (11.2)$$

式中 S_0——试样的横截面面积，mm^2；

      m——试样的质量，g；

      ρ——试样的密度，g/cm^3；

      L_t——试样的总长度，mm。

（2）试样原始标距 L_0 的标记

对于 $d \geqslant 3mm$ 的钢筋，属于比例试样，其标距 $L_0 = 5d$。对于比例试样，应将原始标距的计算值修约至最接近 5mm 的倍数，中间数值向较大一方修约。原始标距的标记应精确到 ±1%。试样原始标距应用小标记、细画线或细墨线标记，但不得用引起过早断裂的缺口作标记；也可以标记一系列套叠的原始标距；还可以在试样表面画一条平行于试样纵轴的线，并在此线上标记原始标距。

（3）上屈服强度 R_{eH} 和下屈服强度 R_{eL} 的测定

① 图解方法。实验时记录力-延伸曲线或力-位移曲线。从曲线图读取力首次下

降前的最大力和不记初始瞬时效应时屈服阶段中的最小力或屈服平台的恒定力，将其分别除以试样原始横截面面积 S_0，得到上屈服强度和下屈服强度。仲裁实验采用图解方法。

② 指针方法。实验时，读取测力度盘指针首次回转前指示的最大力和不记初始效应时屈服阶段中指示的最小力或首次停止转动指示的恒定力。将其分别除以试样原始横截面面积 S_0，得到上屈服强度和下屈服强度。

可以使用自动装置（如微处理机等）或自动测试系统测定上屈服强度和下屈服强度，可以不绘制拉伸曲线图。

（4）断后伸长率 A 和断后总伸长率 A_t 的测定

① 为了测定断后伸长率，应将试样断裂的部分仔细配接在一起，使其轴线处于同一直线上，并采取特别措施确保试样断裂部分适当接触后测量试样断后标距。这对于小横截面试样和低伸长率试样尤为重要。应使用分辨力优于 0.1mm 的量具或测量装置测定断后标距 L_u，精确到 ± 0.25mm。

原则上，只有断裂处与最接近的标距标记的距离不小于原始标距的 1/3 情况方为有效。但断后伸长率不小于规定值，不管断裂位置处于何处，测量均为有效。

断后伸长率按下式计算。

$$\delta = \frac{L_u - L_0}{L_0} \tag{11.3}$$

② 移位法测定断后伸长率。当试样断裂处与最接近的标距标记的距离小于原始标距的 1/3 时，可以使用以下方法：

实验前，原始标距 L_0 细分为 N 等分。实验后，以符号 X 表示断裂后试样短段的标距标记，以符号 Y 表示断裂试样长段的等分标记，此标记与断裂处的距离最接近于断裂处至标记 X 的距离。

如 X 与 Y 之间的分格数为 n，按下述方法测定断后伸长率。

a. 如 $N-n$ 为偶数，如图 11-2（a）所示，测量 X 与 Y 之间的距离和测量从 Y 至距离为 $1/2(N-n)$ 个分格的 Z 标记之间的距离。按照下式计算断后伸长率。

$$\delta = \frac{XY + 2YZ - L_0}{L_0} \times 100\% \tag{11.4}$$

b. 如 $N-n$ 为奇数，如图 11-2（b）所示，测量 X 与 Y 之间的距离，再测量从 Y 至距离分别为 $1/2(N-n-1)$ 和 $1/2(N-n+1)$ 个分格的 Z 和 Z'' 标记之间的距离。按照下式计算断后伸长率。

$$\delta = \frac{XY + YZ' + YZ'' - L_0}{L_0} \times 100\% \tag{11.5}$$

c. 能用引伸计测定断裂延伸的试验机，引伸计标距 L_e 应等于试样原始Z标距 L_0，无须标出试样原始标距的标记。以断裂时的总延伸作为伸长测量时，为了得到断后伸长率，应从总延伸中扣除弹性延伸部分。

原则上，断裂发生在引伸计标距以内方为有效，但当断后伸长率不小于规定值时，不管断裂位置位于何处，测量均为有效。

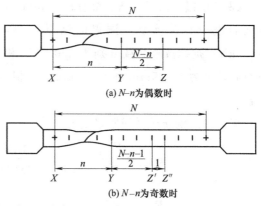

图 11-2　位移方法的图示说明

d. 按照 c. 测定的断裂总延伸除以试样原始标距得到断裂总伸长率。

（5）抗拉强度 R_m 的检测

对于呈现明显屈服（不连续屈服）现象的金属材料，从记录的力-延伸曲线或力-位移曲线图，或从测力度盘，读取过了屈服阶段之后的最大力；对于呈现无明显屈服（连续屈服）现象的金属材料，从记录的力-延伸曲线或力-位移曲线图，或从测力度盘，读取实验过程中的最大力 F_m，除以试样原始横截面面积 S_0 得到抗拉强度，见式（11.6）。

$$R_m = \frac{F_m}{S_0}$$

(11.6)

11.1.6　实验结果评定

① 屈服点、抗拉强度、伸长率均应符合相应标准中规定的指标。

② 做拉力检测的两根试件中，如有一根试件的屈服点、抗拉强度、伸长率3个指标中有一个指标不符合标准，即为拉力实验不合格，应取双倍试件重新测定；在第二次拉力实验中，如仍有一个指标不符合规定，不论这个指标在第一次实验中是否合格，拉力实验项目均定为不合格，表示该批钢筋为不合格品。

③ 检测出现下列情况之一时其实验结果无效，应重做同样数量试样的试验：

a. 试样断裂在标距外或断在机械刻画的标距标记上，而且断后伸长率小于规定最小值。

b. 实验期间设备发生故障，影响了实验结果。

c. 操作不当，影响实验结果。

④ 实验后试样出现两个或两个以上的颈缩及显示出肉眼可见的冶金缺陷（如分层、气泡、夹渣、缩孔等），应在实验记录和报告中注明。

【例 11.1】 某工程从一批直径 25mm 的 HRB335 热轧钢筋中抽样，并截取两根钢筋进行拉伸实验，测得的结果如下：屈服下限荷载分别为 171.0kN 和 172.8kN；抗拉极限荷载分别为 260.0kN 和 262.0kN；原始标准距离为 125mm，拉断后长度为 147.5mm 和 149.0mm。试根据实验结果检查该批钢筋的拉伸性能是否合格。

解：(1) 钢筋试样屈服强度为

$$R_{eL1} = \frac{F_{eL1}}{S_0} = \frac{171.0 \times 1000}{3.14 \times (25/2)^2} = 348.5 (N/mm^2) \tag{11.7}$$

$$R_{eL2} = \frac{F_{eL2}}{S_0} = \frac{172.8 \times 1000}{3.14 \times (25/2)^2} = 352.2 (N/mm^2) \tag{11.8}$$

根据修约规则，计算结果在 200~1000N/mm^2 时，修约的间隔为 5N/mm^2，则修约后有

$$R_{eL1} = 350 N/mm^2$$

$$R_{eL2} = 350 N/mm^2$$

(2) 钢筋试样抗拉强度为

$$R_{m1} = \frac{F_{m1}}{S_0} = \frac{260.0 \times 1000}{3.14 \times (25/2)^2} = 529.9 (N/mm^2) \tag{11.9}$$

$$R_{m2} = \frac{F_{m2}}{S_0} = \frac{262.0 \times 1000}{3.14 \times (25/2)^2} = 534.0 (N/mm^2) \tag{11.10}$$

根据修约规则，计算结果在 200~1000N/mm^2 时，修约的间隔为 5N/mm^2，则修约后有

$$R_{eL1} = 530 N/mm^2$$

$$R_{eL2} = 535 N/mm^2$$

(3) 钢筋试样伸长率为

$$A_1 = \frac{L_{u1} - L_0}{L_0} \times 100\% = \frac{147.5 - 125}{125} \times 100\% = 18.0\% \tag{11.11}$$

$$A_2 = \frac{L_{u2} - L_0}{L_0} \times 100\% = \frac{149.0 - 125}{125} \times 100\% = 19.2\% \tag{11.12}$$

11.2 钢材弯曲实验

11.2.1 实验目的

测定钢材的弯曲工艺性能，评定钢材的质量。

11.2.2　主要仪器设备

应在配备下列弯曲装置之一的试验机或压力机上完成实验：

① 支辊式弯曲装置（图 11-3）。支辊长度应大于试样宽度或直径。支辊半径应为 1～10 倍试样厚度。支辊应具有足够的硬度。除非另有规定，支辊间距离应按下式计算。

$$l = d + 3a \pm 0.5a \tag{11.13}$$

此距离在实验期间应保持不变。弯曲压头直径应在相关产品标准中规定。弯曲压头宽度应大于试样宽度或直径。弯曲压头应具有足够的硬度。

② V 形模具式弯曲装置。

③ 虎钳式弯曲装置。

④ 翻板式弯曲装置。

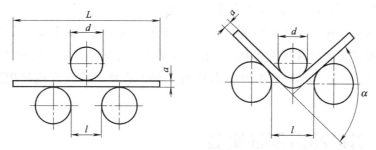

图 11-3　支辊式弯曲装置

11.2.3　实验试样

钢筋试样应按照《钢及钢产品　力学性能试验取样位置及试样制备》（GB/T 2975—2018）的要求取样。试样表面不得有划痕和损伤。试样长度应根据试样厚度和所使用的实验设备确定。采用支辊式弯曲装置和翻板式弯曲装置时，试样长度可以按照下式确定，即

$$L = 0.5\pi(d + a) + 140 \tag{11.14}$$

式中　L——试样长度，mm；

　　　π——圆周率，其值取 3.1；

　　　d——弯曲压头直径，mm；

　　　a——试样厚度，mm。

11.2.4　实验步骤

由相关产品标准确定，采用下列方法之一完成实验。

① 试样在上述装置所给定的条件和在力作用下弯曲至规定的弯曲角度。

② 试样在力作用下弯曲至两臂相距规定距离且相互平行。

③ 试样在力作用下弯曲至两臂直接接触。

试样弯曲至规定弯曲角度的实验，应将试样放于两支辊或 V 形模具或两水平翻板上，试样轴线应与弯曲压头轴线垂直，弯曲压头在两支座之间的中点处对试样连续施加力使其弯曲，直至达到规定的弯曲角度。

试样弯曲至 180°角两臂相距规定距离且相互平行的实验，采用支辊式弯曲装置的实验方法时，首先对试样进行初步弯曲（弯曲角度尽可能大），然后将试样置于两平行压板之间连续施加压力，使其两端进一步弯曲，直至两臂平行。采用翻板式弯曲装置的方法，在力作用下不改变力的方向，弯曲直至 180°角。

11.2.5 实验结果评定

① 应按照相关产品标准的要求评定弯曲实验结果。若未规定具体要求，弯曲实验后试样弯曲外表面无肉眼可见裂纹应评定为合格。

② 相关产品标准规定的弯曲角度作为最小值，规定的弯曲半径作为最大值。

③ 做冷弯实验的两根试件中，若有一根试件不合格，可取双倍数量试件重新做冷弯实验；第二次冷弯实验中，若仍有一根不合格，即判定该批钢筋为不合格品。

11.3 钢材冲击韧性实验

11.3.1 实验目的

① 掌握冲击试验机的结构及工作原理；掌握测定试样冲击性能的方法。

② 测定低碳钢和铸铁两种材料的冲击韧度，观察破坏情况，并进行比较。

11.3.2 主要仪器设备

设备包括冲击试验机（图 11-4）和游标卡尺。

11.3.3 试样的制备

若冲击试样的类型和尺寸不同，测得的实验结果不能直接比较和换算。本次实验采用 U 形缺口冲击试样，其尺寸及偏差应符合《金属材料　夏比摆锤冲击试验方法》（GB/T 229—2020）规定。加工缺口试样时，应严格控制其形状、尺寸精度及表面粗糙度。试样缺口底部应光滑、无与缺口轴线平行的明显划痕。如图 11-4 所示。

11.3.4 实验步骤

① 测量试样的几何尺寸及缺口处的横截面尺寸。

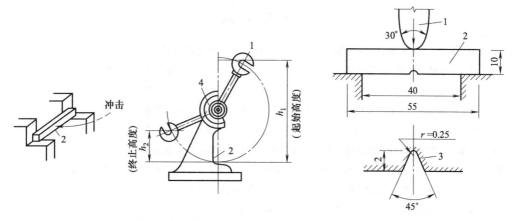

图 11-4　冲击试验机及试件缺口形式（单位：mm）

1—摆锤；2—试件；3—V 形缺口；4—刻度盘

② 根据估计材料冲击韧性来选择试验机的摆锤和表盘。

③ 安装试样。

④ 进行实验，将摆锤举起到高度为 H 处并锁住，然后释放摆锤，冲断试样后，待摆锤扬起到最大高度，再回落时，立即刹车，使摆锤停住。

⑤ 记录表盘上所示的冲击功 A_{kU} 值，取下试样，观察断口。实验完毕，将试验机复原。

冲击实验要特别注意人身安全。

11.3.5　实验结果计算及处理

（1）计算冲击韧性值 a_{kU}

$$a_{kU} = \frac{A_{kU}}{S_0} \tag{11.15}$$

式中　A_{kU}——U 形缺口试样的冲击吸收功，J；

　　　S_0——试样缺口处断面面积，cm^2；

　　　a_{kU}——冲击韧性值，J/cm^2，反映材料抵抗冲击荷载的综合性能指标，它随着试样的绝对尺寸、缺口形状、实验温度等的变化而不同。

（2）比较分析两种材料的抵抗冲击时所吸收的功，观察破坏断口形貌特征。

参 考 文 献

[1] 张彩霞. 实用建筑材料试验手册 [M]. 4 版. 北京：中国建筑工业出版社，2011.

[2] 建筑工程检测试验技术管理规范：JGJ 190—2010 [S]. 北京：中国建筑工业出版社，2010.

[3] 中国标准出版社第五编辑室. 建筑材料标准汇编：混凝土 [M]. 北京：中国标准出版社，2009.

[4] 建筑材料工业技术监督研究中心. 建筑材料标准汇编：混凝土 [M]. 北京：中国标准出版社，2008.

[5] 杨崇豪，王志博. 土木工程材料试验教程 [M]. 北京：中国水利水电出版社，2015.

[6] 施惠生，郭晓潞. 土木工程材料试验精编 [M]. 北京：中国建材工业出版社，2010.

[7] 刘万锋，王博，何晓明. 土木工程材料试验教程 [M]. 北京：中国矿业大学出版社，2020.

[8] 米文瑜. 土木工程材料试验指导书 [M]. 北京：人民交通出版社，2007.

[9] 钱匡亮. 建筑材料实验 [M]. 杭州：浙江大学出版社，2013.